ZEITSCHRIFT FÜR ANGEWANDTE GEOLOGIE

HERAUSGEGEBEN VON

DER STAATLICHEN GEOLOGISCHEN KOMMISSION

UND DER ZENTRALEN VORRATSKOMMISSION

DER DEUTSCHEN DEMOKRATISCHEN REPUBLIK

AUS DEM INHALT

AKADEMIE-VERLAG · BERLIN

BAND 9 / HEFT 12

DEZEMBER 1963

SEITE 617–672

Die ZEITSCHRIFT FÜR ANGEWANDTE GEOLOGIE berichtet ständig über folgende Arbeitsgebiete: Geologische Grundlagenforschung und Lagerstättenforschung / Methodik der geologischen Erkundung / Ökonomie und Planung der geologischen Erkundung / Technik der geologischen Erkundung / Geologie und Lagerstättenkunde im Ausland. In der Zeitschrift können alle strittigen Fragen der praktischen Geologie behandelt werden. Die Autoren übernehmen für ihre Aufsätze die übliche Verantwortung.

ZEITSCHRIFT FÜR ANGEWANDTE GEOLOGIE

KOLLEKTIVE CHEFREDAKTION

Dr. K. KAUTER (Redaktionssekretär)
Dr. F. STAMMBERGER
Dr. G. TISCHENDORF
Dipl.-Berging.-Geol. G. ZINDLER

BAND 9 · DEZEMBER 1963 · HEFT 12

Geologen, Pioniere der industriellen Entwicklung [1]

A. W. SIDORENKO, Moskau

Der Vorsitzende des Staatlichen Geologischen Komitees, A. W. SIDORENKO, zieht in dem Artikel „Hauptaufgaben des Geologischen Dienstes des Landes im Licht der Beschlüsse des Novemberplenums des ZK der KPdSU" das Fazit aus der bisherigen Entwicklung der geologischen Such- und Erkundungstätigkeit in der UdSSR und formuliert die Hauptaufgaben. Dieser Beitrag enthält wesentliche Ausführungen, die auch für die geologischen Arbeiten in der DDR von grundlegender Bedeutung sind. Deshalb veröffentlichen wir im nachfolgenden die für uns wichtigsten Abschnitte im Wortlaut.

Das auf dem XXII. Parteitag der KPdSU angenommene Parteiprogramm sieht vor, die Industrieproduktion bis zum Jahre 1980 um das Sechsfache zu erhöhen. Dabei ist eine Steigerung der Erdölförderung auf 690—710 Mill. t pro Jahr, der Erdgasförderung auf 680 bis 720 Mrd. m^3, der Kohleförderung auf 1180 bis 1200 Mill. t sowie der Stahlproduktion auf 250 Mill. t, der Kunstdüngerproduktion auf 125—135 Mill. t vorgesehen. Das bedeutet die Förderung gewaltiger Mengen mineralischer Rohstoffe aus dem Erdinnern. Zur Gewährleistung der vorgesehenen beschleunigten Zunahme der Förderung ist es notwendig, bis 1980 die erkundeten Vorräte im Vergleich mit 1962 um ein Vielfaches zu steigern.

Dabei ist zu berücksichtigen, daß die Gewährleistung des Vorratszuwachses in jedem Jahr mit immer größeren Schwierigkeiten verbunden sein wird. So wird die durchschnittliche Teufe von Erkundungsbohrungen auf Erdöl und Gas von 2,1 km auf 3—3,5 km, in einer Reihe von Gebieten auf 4—5 und sogar auf 7 km anwachsen. Die durchschnittliche Bohrlochteufe bei der Erkundung fester mineralischer Rohstoffe wird von 200—300 m auf 500—600 m anwachsen. Die Möglichkeiten zur Entdeckung von Erzvorkommen, die unmittelbar an die Erdoberfläche ausgehen, werden stark abnehmen, was das Auffinden neuer Lagerstätten erschwert. Es versteht sich von selbst, daß eine Zunahme der erkundeten Vorräte an mineralischen Rohstoffen unmöglich mit den üblichen Such- und Erkundungsmethoden für Lagerstätten zu gewährleisten ist, da dies eine vielfache Erhöhung der Aufwendungen für geologische Erkundungsarbeiten erfordert. Vor allem ist eine grundlegende Umgestaltung des ganzen Geologischen Dienstes des Landes und seiner wissenschaftlichen und technischen Ausrüstung notwendig.

[1]) Aus: „Raswedka i ochrana nedr", Nr. 5 (1963), S. 4—8, 9, 10 und 11; teilweise Übers.: H. STÖLZER.

Die wissenschaftlich begründete Planung des ganzen Komplexes der geologischen Erkundungsarbeiten ist eine der wichtigsten Aufgaben der modernen Geologie. Um die Effektivität der geologischen Erkundungsarbeiten zu erhöhen und ihre Kosten zu senken, ist es notwendig, die Gebiete zum Aufsuchen mineralischer Rohstoffe richtig auszuwählen und die rationellste und billigste Methodik für ihre Entdeckung zu finden. Von den entdeckten Lagerstätten sind die für die Erkundung aussichtsreichsten zu bestimmen und keine Anstrengungen und Mittel auf die eingehende Erkundung von Lagerstätten zu verschwenden, die unrentabel für den Abbau sind.

Bekanntlich sind große und nach dem Gehalt an nutzbaren Komponenten reiche Lagerstätten am rentabelsten abzubauen. In der UdSSR sind in 2% der erkundeten Erdöl- und Gaslagerstätten mehr als die Hälfte aller bekannten Vorräte konzentriert, deren Exploitation ungefähr die Hälfte der gesamten Erdöl- und Gasförderung sichert.

In 15% der Kupferlagerstätten sind 86% der Vorräte und fast die gesamte Kupfergewinnung konzentriert. Ungefähr die gleiche Situation herrscht auch für eine Reihe anderer sehr wichtiger mineralischer Rohstoffe.

Die ungeheuren Ausmaße der industriellen Entwicklung, die in der Generalperspektive vorgesehen ist, können nur durch große Lagerstätten gesichert werden, deren Entdeckung die wichtigste Aufgabe der Geologen ist. Natürlich muß man in einer Reihe von Gebieten, besonders in industriell genutzten, auch mittlere Lagerstätten in Betracht ziehen. Um nicht die Kräfte auf die Erkundung kleiner und wenig rentabler Lagerstätten zu konzentrieren, muß man der vorläufigen Einschätzung der allgemeinen Perspektiven des Gebiets besondere Aufmerksamkeit widmen. Die Unterschätzung des Studiums der Geologie und der Perspektiven des ganzen Erzfeldes ist am Beispiel des Norilsker Kupfer-Nickel-Bezirks gut zu sehen. Hier wurden im Verlaufe von mehr als 20 Jahren alle Bemühungen der Geologen auf die Erkundung sehr armer Erze bei Norilsk selbst gerichtet, die in der Nähe liegende Talnacher Lagerstätte mit großen Vorräten reicher Erze aber blieb unentdeckt.

Von der Regierung wurde schon 1959 die Ordnung der Einbeziehung von Lagerstätten in die Erkundung festgelegt. Auf allen neuentdeckten Lagerstätten mineralischer Rohstoffe muß bis zum Übergang zur eingehenden Erkundung eine Vorerkundung in einem Umfang durchgeführt werden, der für die begründete Einschätzung ihrer industriellen Bedeutung notwendig ist. Eingehende geologische Erkundungsarbeiten werden nur auf solchen Lagerstätten durchgeführt, die auf Grund des Materials der Vorerkundung und ihrer ökonomischen Einschätzung als wertvoll für die industrielle Nutzung anerkannt werden.

Diese Ordnung wird jedoch immer noch verletzt, und häufig werden unter dem Schein der Vorerkundung kleine, wenig rentable Lagerstätten eingehend erkundet. Außerdem werden viele Mittel für die Vorerkundung von Objekten aufgewendet, die durch Saisontrupps im Stadium der Such- und Erkundungsarbeiten eingeschätzt werden könnten.

So wurde in der Kirgisischen SSR von 1955 bis 1960 mit überflüssiger Ausführlichkeit die Golderzlagerstätte von Nasonow erkundet, die wegen der unbedeutenden Vorräte und der schwierigen montantechnischen Bedingungen kein praktisches Interesse besitzt. Die Kosten für die Erkundung betrugen über 1 Mill. Rubel. In der Armenischen SSR wird seit 1950 die polymetallische (Blei-Zink-)Lagerstätte von Gasminskoje erkundet, die kein vordringliches Objekt für die Nutzung ist; für sie wurden rund 2,5 Mill. Rubel aufgewendet. In der Grusinischen SSR wurde von 1956 bis 1961 die völlig aussichtslose Dsama-Eisenerzlagerstätte mit Vorräten von 5,4 Mill. t erkundet, die Kosten betrugen rund 0,5 Mill. Rubel. Im Gau Chabarowsk wurden unter ungünstigen montanökonomischen Bedingungen von 1958—1959 die Blei-Zink-Lagerstätten von Niwandshinskoje und Dshatynskoje erkundet, deren Vorräte zu den Außerbilanzvorräten gehörten. Solche Beispiele gibt es auch in anderen Unionsrepubliken.

Bezeichnend sind die Kosten für die Erkundung mineralischer Rohstoffe in einzelnen Republiken. So liegt zum Beispiel eine erkundete Tonne Erdölvorräte in der Grusinischen SSR und von Blei-Zink-Erzen in der Turkmenischen SSR kostenmäßig zehnmal höher als die Durchschnittskosten für das Land. Die Zuwachskosten einer erkundeten Tonne Wolframtrioxyd überstiegen in der Tadshikischen SSR im Jahre 1961 die Durchschnittskosten für die UdSSR um das 90-fache und betrugen 70% der Produktionskosten pro Tonne.

Zur Vermeidung der begangenen Fehler bei der Durchführung geologischer Erkundungsarbeiten auf wenig aussichtsreichen Objekten ist es notwendig, ausgehend von den geologischen Perspektiven der einzelnen Regionen, zu einer wissenschaftlich begründeten Planung dieser Arbeiten überzugehen. Die Analyse des geologischen Baus und die prognostische Einschätzung der Erzgebiete müssen zum Hauptkriterium bei der Festsetzung des Plans werden. Man kann nicht länger geologische Erkundungsarbeiten planen, indem man nur von statistischen Mittelwerten ausgeht, nach denen Ausmaß und Umfang der Aufwendungen und Bohrarbeiten festgelegt werden, und mechanisch den Arbeitsumfang auf die Republiken verteilen, wie es noch bisher getan wird. Die Planung nach statistischen Mittelwerten kann für die langfristige Perspektivplanung für mehrere Jahre zugelassen werden, aber dann auch nur unter Berücksichtigung der geologischen Prognosen. Die jährliche Planung des Zuwachses und der Entdeckung von Vorräten kann nur für konkrete Objekte erfolgen.

Beachtenswert ist, daß die Planung des Vorratszuwachses nicht für jedes Kalenderjahr erfolgt, sondern in zwei- bis dreijährigen Etappen oder für die ganze Periode der Durchführung von Erkundungsarbeiten auf der Lagerstätte. Tatsächlich dauert die Erkundung einer Reihe von Lagerstätten einige Jahre, und für große Lagerstätten kann man nicht nach einem Jahr, sondern erst in zwei bis drei Jahren Ergebnisse erhalten. Bei der alljährlichen Planung des Vorratszuwachses sind die geologischen Organisationen in vielen Republiken häufig gezwungen, dem Plan zuliebe die Arbeiten an einer schmalen Front zu konzentrieren, ohne eine Einschätzung der allgemeinen Perspektiven zu geben. So war es zum Beispiel mit Arbeiten auf Erdöl und Gas in Grusinien, Wolgograd und Saratow.

Die geologischen Erkundungsarbeiten kommen dem Land noch sehr teuer zu stehen. Die Kosten dafür übersteigen 1,3mal die jährlichen Aufwendungen für den Bau von Betrieben der Schwarzmetallurgie und 2,5mal von Betrieben der Buntmetallurgie. Unsere Aufgabe ist es, die Kosten für geologische Erkundungsarbeiten auf jede Weise zu senken, und in Zusammenhang damit ist der verbesserten Qualität der Kostenvoranschläge für geologische Erkundungsarbeiten besondere Aufmerksamkeit zu schenken. Bei den Projekten und Kostenkalkulationen gibt es noch Verschwendung und unrationellen Verbrauch von Mitteln. So wurden bei einer Überprüfung von nur 10% der Kostenvoranschläge Überhöhungen der veranschlagten Kosten der Arbeiten von 27 Mill. Rubel oder 7% ihrer ursprünglichen Kosten festgestellt. Es ist notwendig, die Qualität der Kostenvoranschläge zu steigern und das Übermaß bei der Projektierung geologischer Erkundungsarbeiten zu beseitigen. Man kann auch die Qualität der einheitlichen Kostennormen, die in kürzester Zeit gründlich überarbeitet werden müssen, nicht als befriedigend bezeichnen. Möglicherweise muß man nach erweiterten Kennwerten kalkulieren, wie das zum Beispiel im Bauwesen geschieht, oder Normen für typisierte Trupps verschiedener Bestimmung schaffen.

Bei der Bestimmung der Richtung für geologische Erkundungsarbeiten hat die Wissenschaft ungeheure Bedeutung. Die Wissenschaftler leisteten einen wesentlichen Beitrag zur Kenntnis der mineralischen Rohstoffbasis des Landes. Die wissenschaftliche Prognose half die Diamantlagerstätten Sibiriens, die Lagerstätten reicher Eisenerze der KMA, die Erdöl- und Gaslagerstätten in Mittelasien, Sibirien, Kasachstan und im Nordkaukasus, die Lagerstätten von Buntmetallen und Seltenen Metallen in Kasachstan und Sibirien usw. entdecken. Unbestreitbar ist der hervorragende Beitrag der Wissenschaftler zu allgemeintheoretischen Fragen und neuen Methoden zur Entdeckung von Lagerstätten mineralischer Rohstoffe und zur Erkenntnis des geologischen Baus konkreter Gebiete.

Ungeachtet der wesentlichen Leistungen der Wissenschaftler-Geologen, ohne die es keine solchen wirklich großen Errungenschaften in der geologischen Praxis gäbe, bestehen in der Tätigkeit der wissenschaftlichen Forschungsinstitute und Konstruktionsbüros viele Mängel. Der Nutzeffekt der Wissenschaft entspricht bei weitem nicht den Unterhaltskosten für die wissenschaftlichen Einrichtungen, entspricht nicht den neuen Aufgaben, die vor dem Geologischen Dienst des Landes stehen. Die Arbeitspläne der Institute und thematischen Expeditionen sind nicht aufeinander abgestimmt. In der Thematik der Institute gibt es sehr viele zweitrangige Themen, es wurden keine großen Kollektive von Wissenschaftlern gebildet, die die Lösung der führenden Probleme der Geologie zum Ziel haben.

Mit der Erdölgeologie beschäftigen sich beispielsweise mehr als 40 wissenschaftliche Forschungsinstitute und Hochschulen, die verschiedenen Behörden und Institutionen unterstellt sind. Die thematischen Arbeitspläne sind jedoch fast nie koordiniert, was zu doppelten Arbeiten und ungerechtfertigtem Parallelismus führt. Die wissenschaftlichen Kräfte und materiellen Ressourcen werden zur Erledigung zahlreicher Teilfragen verzettelt, die nach verschiedener Methodik und auf unterschiedlichem wissenschaftlichem Niveau gelöst werden. Die in Verbindung damit erzielten Ergebnisse können einander nicht gegenübergestellt werden.

Die praktischen Geologen erhalten von den Wissenschaftlern selten begründete Prognosen bei der Aussonderung lokaler Felder und Strukturen zum Aufsuchen von Lagerstätten mineralischer Rohstoffe. In den geologischen Verwaltungen wurden eigene thematische Trupps und Expeditionen gebildet, von denen einige keine schlechten wissenschaftlichen Forschungsorganisationen sind, zum großen Teil üben sie jedoch noch keinen wesentlichen Einfluß auf die Erhöhung der Effektivität der Sucharbeiten aus.

Es ist notwendig, daß die Pläne für geologische Erkundungsarbeiten auf Grund einer ausreichenden und eingehenden Analyse sämtlicher geologischer Fakten ausgearbeitet werden. Bedauerlicherweise machen die Wissenschaftler noch wenig konkrete Vorschläge zur praktischen Überprüfung ihrer wissenschaftlichen Empfehlungen. Eine etwas mutigere Position nehmen in dieser Beziehung die Erdölwissenschaftler ein, von denen häufiger Vorschläge über die Ausführung von regionalen und Erkundungsarbeiten in dem einen oder anderen Gebiet ausgehen.

Das Novemberplenum des ZK der KPdSU beschloß, die Wissenschaft des Industriezweiges in Komitees und Behörden zu konzentrieren. In der Geologie ist es sehr schwer, die Wissenschaft des Industriezweiges von der sogenannten „akademischen" zu trennen. Daher müssen die geologischen wissenschaftlichen Forschungsinstitute zusammen mit dem Ministerium für Geologie und Lagerstättenschutz der UdSSR unabhängig von ihrer behördlichen Zugehörigkeit nach einem einheitlichen koordinierten und bestätigten Plan arbeiten.

Unabhängig von der Zuordnung der oder jener Institute muß die Verbindung der geologischen Wissenschaft mit der Praxis in jeder Weise gefestigt werden. Es muß ebenso dafür gesorgt werden, daß auch die Praktiker, besonders die Leiter großer Expeditionen und Verwaltungen, ihre nihilistische Einstellung zur Wissenschaft ablegen. Dem bisweilen ungesunden Eifer zur Erstentdeckung von Lagerstätten muß ein Ende gemacht werden, da das die Festigung der Verbindung zwischen Wissenschaft und Praxis nicht fördert. In unserer Zeit ist die Entdeckung von Lagerstätten und die Feststellung ihrer Ausmaße sowie ihrer Bedeutung für die Volkswirtschaft in der Mehrzahl der Fälle eine Kollektivarbeit von Wissenschaftlern, praktischen Geologen und Erkundungsarbeitern.

Die Wissenschaftler müssen in jeder Weise solche Kollegen entlarven, die sich zur Arbeit des Suchgeologen nicht gewissenhaft verhalten, indem sie dessen Material, gewöhnlich sogar ohne entsprechenden Hinweis, verwenden. Sie müssen auf den antigesellschaftlichen Charakter solcher Pseudogelehrten hinweisen und sie als Elemente des Müßiggangs in der Wissenschaft entlarven.

Die Institute, insbesondere die leitenden Institute, müssen sich von zweitrangiger Thematik und noch mehr von gewöhnlicher Arbeit, die erfolgreich von Produktionsbetrieben erledigt wird, befreien und ihre Tätigkeit exakt profilieren und spezialisieren.

Die wissenschaftlichen Forschungsinstitute müssen sich mehr mit wissenschaftlichen Hauptproblemen beschäftigen, die große Bedeutung für die Entwicklung der geologischen Wissenschaft und Praxis haben. Es ist notwendig, die Geochemie und geochemische Methoden zum Aufsuchen mineralischer Rohstoffe breiter in die geologische Erkundungspraxis einzuführen und in der geologischen Praxis einen regelrechten geochemischen Dienst zu schaffen, analog dem geophysikalischen. Wahrscheinlich muß sich dieser ebenfalls mit der Bestimmung des absoluten Alters der geologischen Systeme beschäftigen. Man muß über die Mathematisierung geologischer Untersuchungen nachdenken, bei der Vorratsberechnung sind logische und Rechenmaschinen breiter anzuwenden. Für die mathematische Bearbeitung zahlreicher geologischer Informationen und für die Lösung einer Reihe geologischer Aufgaben muß ein geologisches mathematisches Zentrum geschaffen werden.

Es muß die Zweckmäßigkeit überprüft werden, neue Institute — für die Kohlengeologie, die Meeresgeologie, ein geologisches Rechenzentrum und möglicherweise auch für mathematische Geologie — zu schaffen.

Genosse N. S. Chruschtschow widmete auf dem Novemberplenum des ZK der KPdSU besondere Aufmerksamkeit der Abkehr von schablonenhafter Arbeit in der Planung der Entwicklung der Volkswirtschaft und der Entwicklung neuer, fortschrittlicherer Produktionsarten. Die kritischen Bemerkungen des Genossen N. S. Chruschtschow treffen vollkommen auf unsere Tätigkeit zu. An die Einschätzung des Bedarfs und der Verwendung von Rohstoffen gehen wir nach eingelebter Schablone heran. Dem Aufsuchen neuer mineralischer Rohstoffarten wird wenig Beachtung geschenkt, und es wird nicht auf die Möglichkeiten ihrer breiteren Verwendung hingewiesen.

Die Aluminiumproduktion wird hauptsächlich auf der Grundlage von Bauxiten und teilweise von Nephelinen geplant. Wenn die Entwicklung der Aluminiumindustrie für die gesamte Generalperspektive auf Bauxiten basieren soll, so müssen deren erkundete Vorräte um ein Vielfaches vermehrt werden. Deshalb müssen von der Industrie mutiger andere Arten von Aluminiumrohstoffen herangezogen werden — Alunite, Cyanite, Sillimanite, Kaoline und tonerdereiche Tone. Die elektrothermische Herstellung von Aluminiumschmelzen aus Cyaniten wird 12—15% billiger sein als aus Bauxiten, und die Investitionen zur Schaffung entsprechender Kapazitäten sind bei praktisch unbegrenzten Vorräten an Cyaniterzen auf der Halbinsel Kola um 30—40% niedriger. Wahrscheinlich werden die Sucharbeiten auf Cyaniterze auch auf anderen präkambrischen Schilden erfolgreich sein.

Besondere Aufmerksamkeit ist auf das Studium der Technologie und der Ökonomik der neuen mineralischen Rohstoffarten zu richten. Bekanntlich verändert sich der Begriff mineralischer Rohstoff in Zusammenhang mit der Entwicklung des Standes von Technik, Industrie und Ökonomik. Daher ist die Stärkung der Institute für mineralische Rohstoffe, die die geologische Erkundung durch die technische und ökonomische Einschätzung des Rohstoffs ergänzen müssen, eine der wichtigsten Aufgaben.

*

Eine der wichtigsten Ursachen für die langsame Steigerung der Arbeitsproduktivität ist die wenig wirksame Anwendung der vorhandenen Technik und die verminderte Aufmerksamkeit zu Fragen der Vervollkommnung der Organisation und Technologie bei der Durchführung geologischer Erkundungsarbeiten.

Die technischen Möglichkeiten der Bohranlagen vom Typ SIF werden infolge geringer Qualität der Verbinder sowie dadurch, daß ein großer Teil des Bohrgestänges ohne thermische Bearbeitung und ohne Gewinde geliefert wird, nicht voll ausgenutzt. Die Verbinder und Muffen für das Bohrgestänge werden von den Maschinenfabriken Serow und Artemowsk mit Gewinden geringer Qualität geliefert. Nur langsam wird die Herstellung von Bohrgestängen erhöhter Stabilität für Tiefbohrungen auf Erdöl und Gas beherrscht.

*

Die wissenschaftlichen Forschungsinstitute arbeiten ungenügend an der Verbesserung der Bohrtechnologie für geologische Erkundungsbohrungen und des Vortriebs bergmännischer Erkundungsaufschlüsse. Die Arbeitsmethoden der Bestarbeiter der Produktion, der Brigaden und Kollektive der kommunistischen Arbeit werden wenig studiert und verallgemeinert.

In den Konstruktionsorganisationen gibt es Parallelität und doppelte Bearbeitung der Thematik. Der Vereinheitlichung und Standardisierung der geologischen Erkundungsausrüstung wird nicht die notwendige Aufmerksamkeit zuteil. Die Probleme der Schaffung einer neuen Technik werden nur langsam gelöst. Die wissenschaftlichen Forschungs- und Konstruktionsorganisationen beschäftigen sich wenig mit prinzipiell neuen technischen Mitteln, Technologien und Methodiken zum Aufsuchen und Erkunden von Lagerstätten mineralischer Rohstoffe. Ungenügend wird die patentreife Technik nnd Technologie ausgewertet.

Die Leiter aller geologischen Organisationen müssen unverzüglich praktische Maßnahmen ausarbeiten und verwirklichen, die auf die Verbesserung der Anwendung der bestehenden Technik, auf die Beseitigung der Ursachen, die einen Stillstand der Ausrüstung hervorrufen, auf die Verbesserung der Organisation und auf die Vervollkommnung der Technologie der Durchführung des ganzen Komplexes der geologischen Erkundungsarbeiten gerichtet sind. Die breiten Massen der Werktätigen des geologischen Erkundungsdienstes müssen mobilisiert werden, um die Mängel in der Arbeitsorganisation zu beseitigen, die Stillstandszeiten der Ausrüstung zu verkürzen, die Geldmittel sparsam und wirtschaftlich zu verausgaben und die schöpferische Initiative bei der Ausführung der Beschlüsse des Novemberplenums des ZK der KPdSU weitestgehend zu entwickeln.

Besondere Aufmerksamkeit muß den Erkundungsarbeiten auf Erdöl und Gas gewidmet werden. Der Zuwachsplan für Erdölvorräte wurde für die Mehrzahl der Gebiete in den letzten Jahren nicht erfüllt, und der Vorratszuwachs erfolgte hauptsächlich auf Kosten alter, industriell genutzter Gebiete. Besondere Besorgnis ruft die Nichterfüllung des Plans für den Zuwachs industrieller Gasvorräte durch die Hauptverwaltung für Geologie der UdSSR und die Volkswirtschaftsräte des Unterwolgagebiets und Aserbaidshans hervor.

*

Die Verringerung der Effektivität der geologischen Erkundungsarbeiten auf Erdöl und Gas ist auf folgende Ursachen zurückzuführen:

1. Auf das Zurückbleiben und auf stellenweise unbefriedigende Ergebnisse der geophysikalischen Arbeiten (Unteres Wolgagebiet, Ukraine), wodurch die Reserve der zur Erkundung vorbereiteten Strukturen, besonders für tiefe höffige Horizonte, vermindert wurde.

2. Auf eine ungenügende Entfaltung regionaler geologisch-geophysikalischer Untersuchungen in der Mehrzahl der Gebiete, was die Aufdeckung höffiger Gebiete und großer Erdöl- und Gaslagerstätten verzögert und zu falscher Arbeitsplanung führt.

3. Auf die Übererkundung einzelner Lagerstätten. Die Vorräte der Kategorie $A + B$ betrugen nach dem Stand vom 1. Januar 1962 85% der Vorräte der Kategorie $A + B + C_1$, während nach der geltenden Bestimmung für den Beginn der Gewinnung nur 40% notwendig sind.

4. Auf die Nichterfüllung der Pläne für tiefes Such- und Erkundungsbohren, besonders beim Niederbringen von Bohrungen mit einer Teufe über 3,5 km.

5. Auf das Zurückbleiben und die unqualifizierte Bemusterung von Bohrungen, wodurch die Einschätzung von Lagerstätten und der Zuwachs der Erdöl- und Gasvorräte verzögert wird. Auf Südmangyschlak wurde zum Beispiel von 12 niedergebrachten Bohrungen nicht eine einzige bis zu Ende bemustert; deswegen wurde der Plan der Erdölvorräte in dem Gebiet nicht erfüllt.

6. Auf die Planung des Zuwachses an Vorräten hoher Kategorien bei einem Mangel an Vorräten der Kategorie C_1. Auf die Festlegung der Anzahl in die Erkundung aufzunehmender Strukturen ohne Berücksichtigung ihrer möglichen Produktivität und Vorratseinschätzung.

7. Auf das starke Zurückbleiben der wissenschaftlichen Untersuchungen zur Feststellung der Gesetzmäßigkeiten der räumlichen Verteilung von Erdöl- und Gaslagerstätten und zur Ausarbeitung von konkreten Empfehlungen zum Aufsuchen großer Erdöl- und Gasansammlungen.

*

Zur erfolgreichen Erfüllung der Beschlüsse des Novemberplenums des ZK der KPdSU ist es notwendig:

1. Den geologischen Dienst des Landes zu vervollkommnen und das Ministerium für Geologie und Lagerstättenschutz der UdSSR in ein Zentrum der gesamten technischen Politik zur Durchführung geologischer Erkundungsarbeiten und zur Schaffung einer stabilen mineralischen Rohstoffbasis des Landes zu verwandeln.

2. Die Planung des ganzen Komplexes der geologischen Erkundungsarbeiten zu verbessern, die Kontrolle der Planerfüllung zu verstärken, eine Arbeitsplanung aller geologischen Organisationen des Landes nach vertikalen Merkmalen aufzustellen. Die operative Anleitung und Kontrolle der Planerfüllung der geologischen Erkundungsarbeiten in allen Gliedern zu verstärken.

3. Die Wissenschaft an die Praxis heranzuführen, wissenschaftlich begründete Produktionspläne aller Arten von Erkundungsarbeiten aufzustellen und die Arbeit der wissen-

schaftlichen Forschungsinstitute möglichst zweckgerichtet durchzuführen. Große theoretische Untersuchungen auf die Lösung praktischer Aufgaben für die schnelle Erweiterung der mineralischen Rohstoffbasis zu richten. Die Geophysik, Geochemie und Mathematik umfassender in die geologische Praxis einzuführen und neue wissenschaftliche Richtungen in der Geologie zu entwickeln.

4. Die Nutzung der bestehenden Technik zu verbessern, die technische Auswertung für geologische Erkundungsarbeiten zu vervollkommnen, die neue Technik und Technologie schneller auszuarbeiten und entschlossener einzuführen, die Arbeitsproduktivität zu erhöhen und die Kosten für die Arbeiten zu senken.

5. Das Zurückbleiben des Erdöl- und Gasvorratszuwachses zu beseitigen.

6. Ständig an der Verbesserung der geographischen Verteilung der mineralischen Rohstoffe und an der Steigerung der Qualität der zu erkundenden Erze zu arbeiten. Dem Land erkundete Vorräte mit minimalem Aufwand zur Verfügung zu stellen.

Am Anfang der Entwicklung der bergbaulichen Gewinnungs- und Verarbeitungsindustrie — eines führenden Zweigs der Volkswirtschaft — stehen die Geologen. Von ihrer Arbeit, von ihren Entdeckungen hängen die Nutzung neuer Gebiete, die Entstehung von Schächten, Erzgruben und Erdölfeldern sowie die Bildung neuer Industriezentren ab, die mit den mineralischen Rohstoffen, dem Brot der Industrie, verbunden sind. Von der tagtäglichen und angespannten Arbeit der Geologen hängen heute die Arbeit der Industrie und die Ökonomik der Volkswirtschaft in den nächsten Jahren und in der Perspektive ab.

Die Geologen als Pioniere der industriellen Entwicklung müssen sich dessen bewußt sein, daß sie auf vorderem Posten im Kampf um die Schaffung der materiell-technischen Basis des Kommunismus stehen.

Zur geologisch-petrographischen Stellung des sog. „Schwarzen Gebirges“ von Bräunsdorf[1]

LUDWIG BAUMANN & GÜNTER WEINHOLD, Freiberg (Sa.)

1. Einleitung

Der Neuaufschluß des sog. „Felsithorizontes“ von Halsbrücke, der in den vergangenen Jahren im Rahmen der geologischen Erkundungsauffahrungen im NW-Feld des Grubenbetriebes Halsbrücke erfolgte (BAUMANN 1962, BAUMANN & WEINHOLD 1963), und die dadurch ausgelösten geologisch-petrographischen Untersuchungen gaben Anlaß dazu, die gesamte nordwestliche Randzone der Freiberger Gneiskuppel, insbesondere in der weiteren NE—SW-Streichrichtung des Felsithorizontes, auf das Vorhandensein gleichgearteter oder ähnlicher „felsitischer“ Gesteine zu überprüfen. Neben den Angaben der geologischen Spezialkarte (GÄBERT 1905) wurden vor allem die alten Bergbauakten und -risse des ehemaligen Oberbergamtes Freiberg und die Literatur über das ehemalige Bergbaugebiet von Bräunsdorf für diese Untersuchungen mit herangezogen. Dabei verstärkte sich die Vermutung, daß ein Zusammenhang zwischen dem sog. „Schwarzen Gebirge“ von Bräunsdorf und dem „Felsithorizont“ von Halsbrücke bestehen könnte. Es wurden weiterhin alle noch vorhandenen Übertageaufschlüsse sowie Halden der alten Gruben von Bräunsdorf begangen und dabei entnommenes charakteristisches Gesteinsmaterial einer näheren Untersuchung unterzogen. Sowohl die Ergebnisse dieser geologisch-petrographischen Voruntersuchungen als auch die bisher in diesem Gebiet durchgeführten geophysikalischen Messungen sprechen zugunsten der obigen Vermutung.

Das „Schwarze Gebirge“ von Bräunsdorf, in welchem die alten Grubenbaue von „Neue Hoffnung Gottes“, „Verträgliche Gesellschaft“, „Siegfried“ und „Rautenkranz“ liegen, wurde in der Vergangenheit dadurch bekannt, daß die innerhalb dieses Gesteinshorizontes aufsitzenden Erzgänge eine sehr günstige Ausbildung aufwiesen. Die reichen und ausgedehnten Erzmittel auf den Gängen des „Neue Segen Gottes Sth.“, „Verlorene Hoffnung Sth.“, „Felix Mg.“, „Zweifler Sth.“ u. a. be-

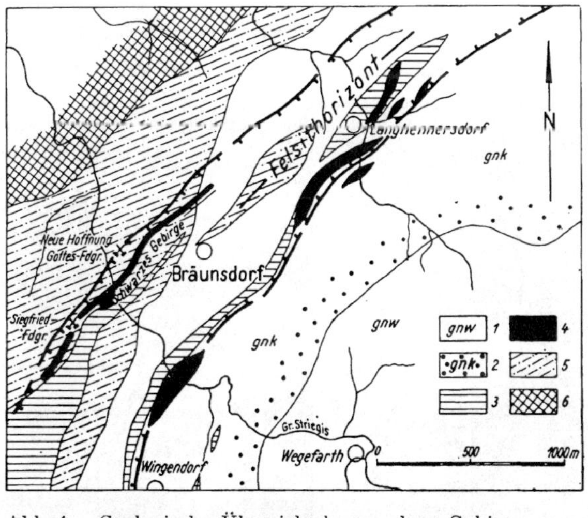

Abb. 1. Geologische Übersichtskarte des Gebietes von Bräunsdorf

1 — Freiberger Biotitgneis (untere Gneisstufe; hier Wegefarther Gneisvarietät), 2 — Zweiglimmergneise (obere Gneisstufe), 3 — Rote Gneise, 4 — Hornfels, Felsit, 5 — Gesteine der Glimmerschieferformation, 6 — Paläozoikum

finden sich alle vorwiegend innerhalb dieser Gesteinszone.

Das Bräunsdorfer Grubenrevier selbst gehört zum westlichen Randgebiet des Freiberger Lagerstättenbezirkes und liegt innerhalb des petrographisch sehr verschiedenartig zusammengesetzten nordwestlichen Grenzbereiches zwischen dem Zweiglimmergneis (gnk) der oberen Freiberger Gneisstufe und den Gesteinen der erzgebirgisch streichenden Glimmerschieferformation.

2. Geologisch-tektonische Situation

Das „Schwarze Gebirge“ ist ebenso wie der „Felsithorizont“ von Halsbrücke geologisch ein Bestandteil des kristallinen Grundgebirges des östlichen Erzgebirges, das nach NW in Richtung der Erzgebirgischen Mulde

[1] Eingang des Manuskripts in der Redaktion: 16. 7. 1963

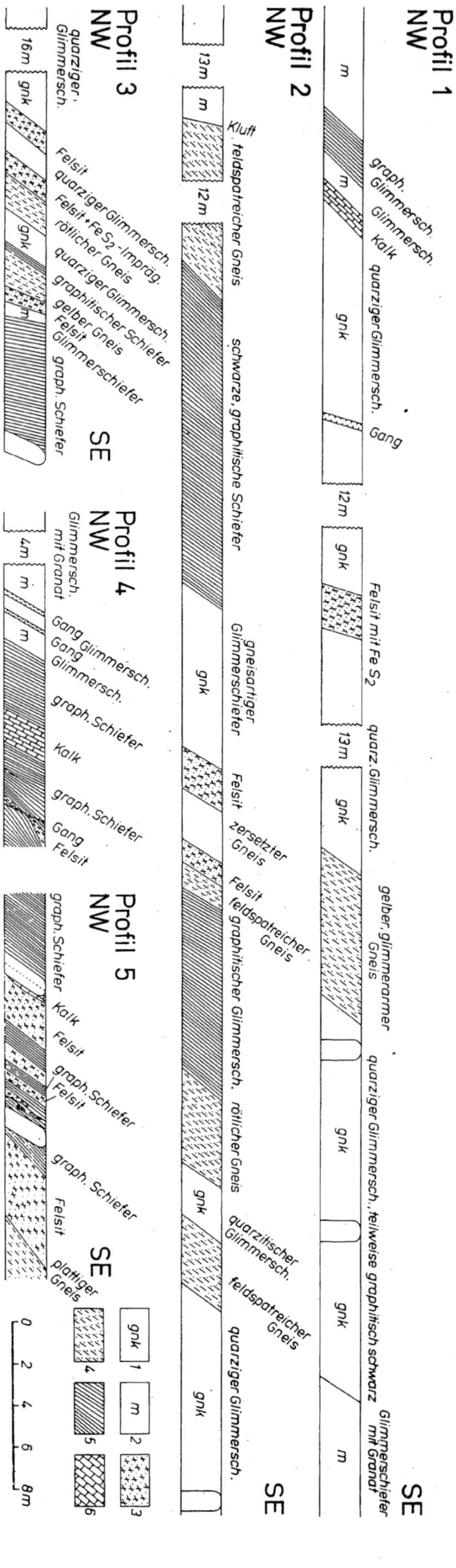

Abb. 2. Querschlagsprofile 1, 2, 3, 4 und 5, Stolln-Sohle „Neue Hoffnung Gottes Fdgr.“, Bräunsdorf. (Die in den alten Sohlenkartierungen verwendeten Gesteinsbezeichnungen sind oberhalb der Sohlenprofile mit angeführt.)

1 – Zweiglimmergneis, 2 – Glimmerschiefer, 3 – Porphyroid, 4 – Rotgneis, 5 – Schwarzschiefer, 6 – Kalkstein

eine zunehmende petrographische Inhomogenität aufweist. Nach Müller (1850) bildet das „Schwarze Gebirge“ innerhalb der Glimmerschieferformation eine 40—120 m breite, mit SW—NE-Streichen (45—60°) sich über das dortige Striegistal hinziehende Gesteinszone, die mit 50—70° nach NW einfällt und deren petrographische Zusammensetzung äußerst verschiedenartig und wechselnd ist. Sie ist hauptsächlich durch die untertägigen Baue der Bräunsdorfer Gruben aufgeschlossen worden und konnte auf mehr als 1800 m Erstreckung in ununterbrochenem Zusammenhang verfolgt werden. Eine Endschaft des „Schwarzen Gebirges“ wurde weder im Streichen noch nach der Teufe zu (tiefste Sohle der Grube „Neue Hoffnung Gottes“ = 8. Gez.-Str. = ca. 300 m unter Tage) erreicht.

Über Tage läßt sich dagegen der Verlauf dieser Gesteinszone nur sehr schwer verfolgen, da sie meistens mit Diluvium bzw. jüngerem Mutterboden bedeckt ist. Nur durch Aufschlüsse des hangenden Glimmerschiefers (m) und eines liegenden Rotgneises (mgn) wird der Ausstrichbereich angedeutet (Abb. 1).

An Hand von Beschreibungen der alten Untertageaufschlüsse und insbesondere durch die neuere Auswertung einiger alter Streckenprofile und Angaben der Oberbergamtsakten ist es jedoch möglich, den geologisch-tektonischen Aufbau und Verlauf dieser Gebirgszone annähernd zu rekonstruieren. Verschiedene Querschläge und Strecken haben Teile des Gesteinshorizontes durchörtert und die hangenden und liegenden Begrenzungen des „Schwarzen Gebirges“ überfahren.

So vermitteln z. B. die Profile 1 und 2 (Abb. 2) einen Überblick über die Gesteinsverbandsverhältnisse im nördlichen Teil des alten Grubenfeldes von „Neue Hoffnung Gottes“. Ähnlich wie im „Felsithorizont“ von Halsbrücke treten hier Wechsellagerungen von Zweiglimmergneis, Rotgneis, porphyrartigem Gestein („Felsit“), Schwarzschiefer, Glimmerschiefer und geringmächtigen Kalkpartien auf. Eine Gesetzmäßigkeit in der Anordnung der verschiedenen Gesteinspartien kann z. Z. noch nicht festgestellt werden. Lediglich im Hangenden der inhomogenen Gesteinszone scheint generell ein Glimmerschiefer mit mehr oder weniger starker Granatführung typisch zu sein.

Im Profil 3 (Abb. 2) können wiederum Wechsellagerungen von Gesteinsvarietäten auf engstem Raum beobachtet werden. Nach den alten Unterlagen soll hier eine besonders starke Imprägnation der „felsitischen“ Gesteine mit Pyrit vorhanden gewesen sein. Die Profile 4 und 5 (Abb. 2), welche die Verbandsverhältnisse der Gesteine im Süden des Bräunsdorfer Grubenfeldes widerspiegeln, lassen eine enge Wechsellagerung von Schwarzschiefer, Porphyroid, Rotgneis, Kalkstein und Glimmerschiefer erkennen. Wie im Halsbrücker „Felsithorizont“ scheint auch hier eine dichte Verzahnung der Schwarzschiefer mit den übrigen Gesteinen vorzuliegen.

Bei einem zusammenfassenden Vergleich der verschiedenen Gesteinskontakte ergibt sich, daß die Form des gesamten Gesteinskomplexes sowohl im Streichen als auch im Einfallen teilweise sehr unregelmäßig ist. Dadurch wird wie im „Felsithorizont“ von Halsbrücke eine Horizontierung der Gesteinsvarietäten zunächst sehr erschwert. Aus dem Vergleich läßt sich weiterhin entnehmen, daß das „Schwarze Gebirge“ nach der Teufe

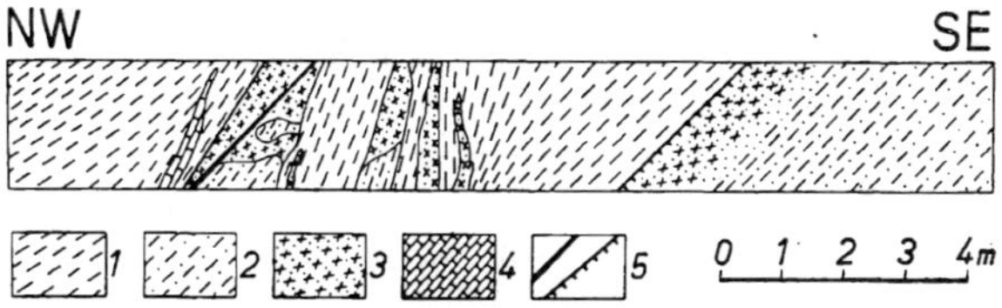

Abb. 3. Querprofil, Stolln-Sohle „Neue Hoffnung Gottes Fdgr.“, Bräunsdorf (aus MÜLLER 1850)

1 – Schwarzschiefer, 2 – Rotgneis, 3 – Porphyroid („Felsit“), 4 – Kalkstein, 5 – Erzgang, Störung

zu an Mächtigkeit zunimmt. Eine linsenförmige Erweiterung nach der Teufe würde den Mangel an Aufschlüssen über Tage erklären, da die Gesteinszone hier vermutlich die geringste Mächtigkeit aufweist. Einen ähnlichen linsenförmigen Aufbau zeigt das „Schwarze Gebirge“ auch im Streichen (Abb. 4).

Die Begrenzungsflächen sind natürlich nur schematisierte Flächen. In Wirklichkeit sind allmähliche Übergänge des Schwarzschiefers in den Glimmerschiefer bzw. in den Zweiglimmergneis vorhanden. Zuweilen treten in den Grenzbereichen mehrfache Wechsellagerungen zwischen den verschiedenen Gesteinsvarietäten des „Schwarzen Gebirges“ und dem angrenzenden Glimmerschiefer bzw. Zweiglimmergneis auf. Diese kontinuierlichen Übergänge und mehrfachen Wechsellagerungen machen, ähnlich wie beim „Felsithorizont“, eine genaue Abgrenzung zu den umgebenden Gesteinen äußerst schwierig. Manchmal kann jedoch die Grenze zwischen dem „Schwarzen Gebirge“ und dem hangenden Glimmerschiefer auch scharf sein (Abb. 2, Profil 2). Dann liegt aber meistens eine jüngere tektonische Störung in Form einer Lettenkluft oder einer Gangspalte vor.

Neben dem Schwarzschiefer als dem charakteristischen Gestein tritt im „Schwarzen Gebirge“ auch noch ein rötliches porphyrartiges Felsitgestein (Porphyroid) auf, bei dem es sich, wie weiter unten näher dargelegt ist, um ein rhyolithisches Äquivalent des sog. „Felsits“ von Halsbrücke handelt[2]). Dieses Gestein ist sehr häufig in kleineren linsenförmigen Partien zwischen die übrigen Gesteinsvarietäten eingeschaltet. Nach MÜLLER (1850) bildet es meist regelmäßige, der Schichtung parallele Einlagerungen von 0,05–6,0 m mächtigen, plattenförmigen oder linsenförmigen Körpern (Abb. 3). Dieselben zeigen nicht immer eine deutliche Abgrenzung zu ihrem Nebengestein, sondern es treten allmähliche Übergänge zu dem benachbarten Schwarzschiefer, Glimmerschiefer oder Zweiglimmergneis auf. Ähnliche Übergangstypen konnten neuerdings auch innerhalb des „Felsithorizontes“ von Halsbrücke beobachtet werden. Manchmal finden sich, ähnlich wie in Halsbrücke, innerhalb des rhyolithischen Gesteins brekzienhafte, z. T. stark resorbierte Einschlüsse von Schwarzschiefer. Diese Beobachtung sowie das manchmal diskordante, scheinbar gangförmige Auftreten veranlaßten MÜLLER (1850) zu der Annahme, daß es sich um ein jüngeres Ganggestein handeln könnte, wobei der Schwarzschiefer als kontaktmetamorphe Bildung desselben gedeutet wurde. Wie die bisherigen Untersuchungen jedoch zeigten, sind diese Erscheinungen auf Grund der neueren petrogenetischen Deutung dieser Gesteine im Rahmen einer submarinen Effusivphase erklärbar. Damit stünde auch die Beobachtung im Einklang, daß die „Felsit-Gänge“ am häufigsten auf den oberen Sohlen der Bräunsdorfer Gruben, kaum dagegen auf den tieferen Sohlen festgestellt werden konnten. In ihrer Gesamtheit bilden die rhyolithischen Einlagerungen einen 40–120 m breiten Gesteinszug, der mit einem SW–NE-Streichen von 45–60° konkordant zu den umgebenden Glimmerschiefern und Gneisen verläuft. Dabei ist bemerkenswert, daß diese „Felsitgesteine“ nur innerhalb des schwarzen Gebirgsstreifens auftreten und somit einen integrierenden Bestandteil desselben bilden. „Diese höchst auffällige konstante Verbindung des Felsitfels mit dem sog. Schwarzen Gebirge zieht unwillkürlich die Vermutung nach sich, daß diese beiden Gebilde in einem innigen Kausalnexus zueinander stehen, daß das eine durch das andere bedingt sei“. Dieser Feststellung nach scheint MÜLLER (1850) bereits den genetischen Zusammenhang zwischen den einzelnen Komponenten des Gesteinshorizontes geahnt zu haben, wenn er ihn auch als typischer Vertreter der damaligen Freiberger Montangeologie im Sinne einer epigenetischen „Gang“-Bildungstheorie deutete.

Unter dem Begriff „Schwarzes Gebirge“ ist die Gesamtheit der verschiedenartigen Gesteinsvarietäten zu verstehen, welche diese Gebirgszone zusammensetzen. Alle diese Gesteine sind meist in wechselnden Mengen mit Schwefelkies imprägniert.

Bezüglich der weiteren streichenden Fortsetzung der Zone in Richtung NE machten bereits NAUMANN (1845)

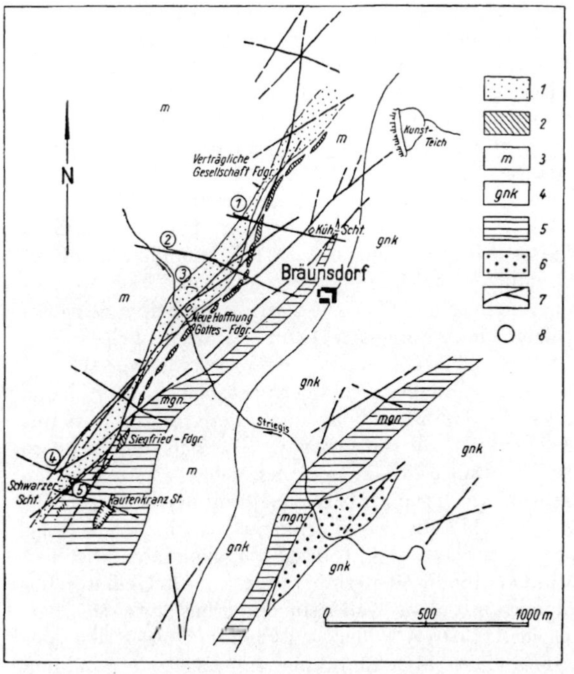

Abb. 4. Der vermutliche Verlauf des „Schwarzen Gebirges“ im Grubenfeld von Bräunsdorf. (Das untertägig aufgeschlossene „Schwarze Gebirge“ ist in die lt. Spezialkarte vorhandene, übertägige geologische Situation übertragen worden.)

1 – Schwarzes Gebirge, 2 – Kalk, 3 – Glimmerschiefer, 4 – Zweiglimmergneis, 5 – Rotgneis, 6 – Hornfels, 7 – Erzgänge, 8 – Profile der Abb. 2

[2]) Während das felsitische Gestein dem „Felsithorizont“ von Halsbrücke seinen Namen gab, ist die alte Bergmannsbezeichnung „Schwarzes Gebirge“ vermutlich auf den reichlich auftretenden Schwarzschiefer zurückzuführen.

und Müller (1850) auf den übertägig aufgeschlossenen „Felsit" von Langhennersdorf aufmerksam (Abb. 1). Hierbei handelt es sich um eine 40—80 m mächtige, rötlich bis schwarz gefärbte rhyolithische Gesteinspartie von feinkörniger bis dichter Struktur. Ihrem petrographischen Charakter nach stimmt sie mit den entsprechenden Gesteinen sowohl des „Schwarzen Gebirges" als auch des „Felsithorizontes" von Halsbrücke überein, nur daß hier die Schwefelkiesimprägnationen weitgehend zurücktreten. Auf Grund ihrer geologisch-petrographischen Verbandsverhältnisse (im Hangenden plattiger Rotgneis, im Liegenden Zweiglimmergneis) ist es wahrscheinlich, daß sie in Richtung NE dem liegenden Teil der sog. 1. Felsitzone von Halsbrücke entspricht (Baumann & Weinhold 1963), während sie nach SW ihre Fortsetzung in dem konkordant zu den Gneisen streichenden und mit etwa 40° nach NW einfallenden sog. „Hornfels" im Striegistale südlich von Bräunsdorf finden dürfte (Abb. 1). Das „Schwarze Gebirge" von Bräunsdorf könnte dann eventuell dem hangenden Bereich des „Felsithorizontes" von Halsbrücke zugeordnet werden. Von Bräunsdorf weiter nach SW läßt sich die Gesteinszone schwierig und z. T. überhaupt nicht mehr verfolgen, da es an geeigneten Aufschlußpunkten mangelt, obwohl im südwestlichen Bergbaugebiet von Bräunsdorf (Grube „Siegfried") das „Schwarze Gebirge" mit rhyolithischen und kalkigen Gesteinen noch eine mächtige Einlagerung bildet. Als ein Hinweis auf die weitere Fortsetzung desselben in Richtung SW könnte eventuell der Memmendorfer Lagerzug von dolomitischem Kalkstein angesehen werden.

Einen sehr schönen Aufschluß vom allmählichen Übergang des liegenden, deutlich geschieferten Rotgneises in dichten porphyrartigen Rhyolith (Porphyroid) gibt das Profil des „Rautenkranz-Stollns" zwischen 6 und 20 m nördlich vom Schwarzen Schacht (Abb. 3). Innerhalb des Porphyroids konnten z. T. auch nesterartige Schwefelkiesimprägnationen festgestellt werden.

Als ein weiteres, für das „Schwarze Gebirge" sehr charakteristisches Gestein ist der Kalkstein bzw. Kalkschiefer zu nennen. Er soll besonders häufig in linsenförmigen, 0,2—4,0 m mächtigen Lagern vorgekommen sein (Abb. 3), teils war er auch dem Schwarzschiefer makroskopisch kaum sichtbar beigemengt. Müller (1850) schreibt, daß der Schwarzschiefer „von unregelmäßigen und ganz schwachen, dem bloßen Auge oft kaum erkennbaren Adern dieses Minerals (Karbonspat) durchzogen wird, die sich erst bei dem Begießen mit Säure zu erkennen geben". Häufig treten die Kalkeinlagerungen zusammen mit dem sog. „Felsit" (Porphyroid) auf, wobei letzterer manchmal als Fragment innerhalb des Kalkes vorgekommen sein soll (Müller 1850). Weiterhin wurde in unmittelbarer Berührung mit dem Kalkstein ein grünschwarzer, „serpentinsteinartiger" Schwarzschiefer festgestellt, der ursprünglich als kontaktmetamorphe Umwandlung durch die von Müller gleichfalls als „Gänge" gedeuteten Kalksteineinlagerungen angesehen wurde. Den neuen Aufschlüssen im „Felsithorizont" von Halsbrücke nach scheint es sich um ein Äquivalent des Schwarzschiefertyps der zweiten Felsitzone (Amphibolschiefer) zu handeln.

3. Petrographische Zusammensetzung

An Hand der alten Sohlenkartierungen und Gesteinsbeschreibungen in den Akten des ehemaligen Bräunsdorfer Bergbaues konnte zunächst einmal annähernd die petrographische Zusammensetzung des „Schwarzen Gebirges" neu bestimmt werden. In den gezeigten Sohlenprofilen (Abb. 2 und 3) wurden die Gesteine mit den neueren, an den Neuaufschlüssen im „Felsithorizont" von Halsbrücke entwickelten Signaturen gekennzeichnet, während die alten Gesteinsbezeichnungen oberhalb der Streckenkartierung angeführt sind. Die von den noch zugängigen Übertageaufschlüssen und Halden neuerdings entnommenen Gesteinsproben ermöglichten es, einen großen Teil dieser Gesteine durch mikroskopische und chemische Untersuchungen noch genauer zu definieren.

Danach ließen sich bisher innerhalb des „Schwarzen Gebirges" folgende Gesteinsvarietäten bestimmen:

Schwarzschiefer

Dieses schwarze bis grünschwarze, meist schiefrige, jedoch auch in dichten, massigen Varietäten auftretende Gestein hat dem gesamten Gesteinshorizont des „Schwarzen Gebirges" den Namen gegeben. Nach Müller (1850, 1901) besteht er „aus einem festen, fast dichten oder unvollkommen schiefrigen, kohlenstoffreichen, dem Alaunschiefer oder Kieselschiefer ähnlichen schwarzen Gestein (dem sog. ‚schwarzen Gestein' der hiesigen Bergleute), welches selten auf große Distanzen in seinem Charakter sich gleich bleibt, sondern häufig übergeht bald in einen schwarzen, von Kohlenstoff innig durchdrungenen Hornstein, bald in einen groß- und gewunden- oder verworren-flasrigen, aus langen dicken Lamellen von Quarz und dazwischen eingeschaltetem Ruß bestehenden Graphitoidschiefer, bald durch allmähliches Verschwinden des Kohlenstoffes und deutlicheres Hervortreten von grauem, grünlich-weißem oder weißem Glimmer in reinen Muskovitschiefer, bald durch Aufnahme von Feldspat in gneisartige Varietäten". Durch weitere Feldspataufnahme zeigen letztere stellenweise Übergänge zu den rhyolithischen „Felsit"-Gesteinen. Weiterhin können durch das Hinzutreten von Hornblenden Übergänge zum Hornblendeschiefer und durch Karbonspäte Übergänge zu Kalkglimmerschiefer bis zu reinem, weißem Kalkstein auftreten. Sehr häufig sind der schwarze, graphitoidische und der graue, hornsteinartige Schiefer mit Schwefelkies imprägniert. Dagegen war diese Erscheinung in den glimmerschiefer- und gneisartigen Gesteinen wesentlich seltener. An Hand der alten Unterlagen und Beschreibungen kann man heute feststellen, daß im Bräunsdorfer Bergbaugebiet dieselben Schwarzschiefervarietäten aufgetreten sind, wie wir sie heute innerhalb des neuaufgeschlossenen „Felsithorizontes" von Halsbrücke feststellen können.

Die neueren Untersuchungen von Schwarzschieferproben, die von den noch vorhandenen übertägigen Aufschlüssen und Bergbauhalden entnommen wurden, bestätigten zum größten Teil die älteren Beschreibungen. U. d. M. bestehen die Schwarzschiefer vorwiegend aus feinfilzigen Chlorit-Serizit-Aggregaten, in denen in wechselnden Mengen Quarz-, Feldspat- (Albit-) und Karbonspatindividuen eingestreut sind (Chloritschiefer). Sehr zahlreich sind winzige Pyritfünkchen unregelmäßig im

Schwarzschiefer eingesprengt. Diese Erzfünkchen sind mitunter zu größeren Aggregaten sammelkristallisiert.

Primär kann dieser Schwarzschiefer wie der von Halsbrücke als eine tonig-sapropelitische Bildung angesehen werden. Daneben läßt sich noch eine hornblendereiche „Grünschiefer"-Varietät unterscheiden, die petrogenetisch eventuell als eine ehemalige basische Magmatitbildung gedeutet werden könnte.

Rhyolith (Porphyroid)

Dieses bereits von NAUMANN (1845) und von MÜLLER (1850) als „Felsitfels" beschriebene porphyrartige Gestein ist für das „Schwarze Gebirge" besonders charakteristisch. Nach MÜLLER besteht es meist aus einer „fleischroten bis erbsengelben, feinkörnig-dichten, splittrigen bis muscheligen, anscheinend homogenen felsitischen oder aus Feldspat und Quarz ganz innig gemengten Grundmasse". Als charakteristische Beimengung führt es immer feine Imprägnationen von Pyrit. Dieser wohl in wechselnden Mengen auftretende, jedoch nie völlig fehlende Pyrit bildet, zuweilen auf einzelne Stellen konzentriert, kleine Nester und Schmitzen. Selten sind außer dem Pyrit noch kleine Partien von Bleiglanz oder brauner Zinkblende eingewachsen. Manchmal wurde das Gestein von vielen kleinen, nur einige Zentimeter mächtigen Quarztrümchen durchschwärmt, in welchen vermutlich mobilisierter Pyrit auch in größeren Partien und stellenweise feinkristalliner Arsenkies auftraten. Diese sich nur auf wenige Meter erstreckenden Trümchen setzten niemals über die „felsitischen" Gesteine hinaus fort. Nach den neueren Untersuchungen besteht der Rhyolith zum überwiegenden Teil aus Feldspat (Albit, selten Orthoklas) und Quarz. Dunkle Gemengteile fehlen fast ganz, lediglich einige Muskovitschüppchen deuten stellenweise einen Übergang zum Rotgneis an. Den bereits beschriebenen geologischen Lagerungsverhältnissen nach wird es sich wie bei dem rhyolithischen Gestein des „Felsithorizontes" von Halsbrücke ursprünglich um untermeerische Effusivbildungen handeln.

Rotgneis

Wie bereits erwähnt, zeigen die rhyolithischen Gesteine durch eine allmähliche Einregelung ihres Mineralbestandes und Ausbildung einer schiefrigen Textur oftmals kontinuierliche Übergänge zu rotgneisartigen Gesteinen (Abb. 3). Besonders treten diese Gesteine hier im Liegenden der Schwarzschieferserie auf. Sie setzen sich im wesentlichen aus Plagioklas (Albit), Orthoklas, Quarz und Muskovit zusammen.

Kalkstein

Innerhalb des „Schwarzen Gebirges" kommen häufig 0,2—4 m mächtige Lager von grünlichgrauem bis reinweißem, körnigem Kalk vor. Überall, wo der Kalkstein auftritt, zeigt der benachbarte Schiefer eine feinschiefrige bis dichte „massige" Textur (Übergangstyp). Hauptgemengteile der Kalkpartien sind Kalzit und untergeordnet Chlorit. Letzterer liegt häufig in langflaserigen, z. T. unregelmäßig angeordneten, wirren Aggregaten vor.

Zweiglimmergneis (gnk)

Derselbe tritt zwischen den einzelnen Gesteinsvarietäten des „Schwarzen Gebirges" auf (Abb. 2). Seine bevorzugte Verbreitung hat er jedoch im Liegenden desselben. Nach dem Hangenden zu wird er allmählich vom Glimmerschiefer (m) abgelöst. Im allgemeinen handelt es sich um einen körnig-flasrigen bis mittelflasrigen Gneis. Die mineralischen Hauptgemengteile sind Muskovit, wenig Biotit, Feldspat (Plagioklas und Orthoklas) und Quarz. Als akzessorischer Bestandteil erscheint häufig Zirkon.

Glimmerschiefer

Dieses Gestein bildet vorzugsweise das Hangende des „Schwarzen Gebirges". Meist ist es ein grauer bis schwarzgrauer, kleinschuppiger bis grobflasriger Glimmerschiefer, der kontinuierliche Übergänge, sowohl in einen grauwackenartigen, z. T. kalkhaltigen Schiefer als auch durch Aufnahme von Hornblende in einen schwarzgrünen Hornblendeschiefer, zeigt. Seine Hauptgemengteile sind (GÄBERT 1905) Muskovit, weniger Chlorit, Biotit und Quarz. Als Übergemengteile treten in wechselnden Anteilen Orthoklas, Granat, Andalusit, Staurolith, Cordierit, Turmalin, Rutil, Zirkon, Hämatit, Magnetit und Pyrit auf.

Abschließend läßt sich feststellen, daß auf Grund ihrer petrographischen Zusammensetzung und ihrer geologischen Lagerung alle diese mannigfaltigen Gesteine des „Schwarzen Gebirges" mit den Gesteinen des „Felsithorizontes" von Halsbrücke parallelisiert werden können. Auch sie verlaufen innerhalb der Grenzzone des Zweiglimmergneises (gnk) zum hangenden Glimmerschiefer (m). Wegen ihrer annähernden Konkordanz zu den umgebenden Gesteinen und der gleichen petrographischen Ausbildung liegt es daher nahe, in den Gesteinszonen des „Schwarzen Gebirges" von Bräunsdorf und des „Felsithorizontes" von Halsbrücke einen analogen, zusammenhängenden „stratigraphischen" Horizont zu sehen. Die in den Neuaufschlüssen des „Felsithorizontes" von Halsbrücke neuerdings nachgewiesenen Erzvorkommen gewinnen damit eine zunehmende regionale Bedeutung.

Zusammenfassung

Im Rahmen der geologischen Erkundung des sogenannten „Felsithorizontes" von Halsbrücke erfolgten gleichzeitig geologisch-petrographische Untersuchungen der gesamten nordwestlichen Randzone der Freiberger Gneiskuppel, um das Vorhandensein gleichgearteter oder ähnlicher „felsitischer" Gesteine zu überprüfen.

Alte Bergbauakten und -risse des ehemaligen Oberbergamtes Freiberg und die Literatur über das alte Bergbaugebiet von Bräunsdorf wurden ausgewertet. Alle noch vorhandenen Übertageaufschlüsse sowie Halden der alten Gruben von Bräunsdorf wurden begangen, und entsprechendes charakteristisches Gesteinsmaterial wurde näher untersucht. Die einzelnen Gesteinsvarietäten wurden petrographisch und erzmikroskopisch bestimmt. Dabei ergab sich eine große Übereinstimmung in der mineralischen Zusammensetzung der Gesteinsvarietäten des „Schwarzen Gebirges" von Bräunsdorf und des „Felsithorizontes" von Halsbrücke. Danach sowie den zur Zeit noch laufenden geophysikalischen Messungen nach kann zwischen dem sogenannten „Schwarzen Gebirge" von Bräunsdorf und dem „Felsithorizont" von Halsbrücke ein Zusammenhang vermutet werden, der hinsichtlich der Erzvorkommen in diesem von Wichtigkeit ist.

Резюме

В рамках геологической разведки так наз. „Фельзитового горизонта" около Хальсбрюкке производились одновременно геолого-петрографические наблюдения всей северо-западной краевой зоны Фрейбергского гнейсового купола, чтобы проверить наличие одинаковых или подобных ,,фельзитовых" пород.

Старые горные документы и планы бывшего Главного горного управления г. Фрейберг и литература о старых областях горных работ в Бройнсдорф были обработаны. Обследовались все имеющиеся поверхностные обнажения, также как и отвалы старых шахт около Бройнсдорф и исследовался подробно соответствующий харктерный каменный материал. Отдельные разновидности пород определялись петрографическим и минераграфическим способом. При этом получились хорошее совпадение между минеральным составом разновидностей пород из ,,Черного горного кряжа" около Бройнсдорф и из ,,фельзитового горизонта" около Хальсбрюкке. По этим данным, как и по данным физических измерений, которые еще ведутся в настоящее время, можно предполагать, что имеется связь между так наз. ,,Черным горным кряжем" Бройнсдорфа и между ,,фельзитовым горизонтом" Хальсбрюкке, которая с точки зрения рудных проявлений имеет важное значение.

Summary

During the geological reconnaissance of the so-called "felsite horizon" of Halsbrücke, geological-petrographical investigations were simultaneously carried out of the entire northwestern marginal zone of the gneiss dome of Freiberg, in order to verify the presence of homogeneous or similar "felsitic" rocks.

The verification included an evaluation of old mine documents and plans of the former Superior Board of Mines at Freiberg, as well as literature of the former mining district of Bräunsdorf. Moreover, all surface exposures as well as heaps of rubbish of the old Bräunsdorf mines were inspected, and a more detailed investigation was made of suitable characteristic rock material. A petrographical and ore-microscopical investigation was made of the individual rock varieties, as a result of which the mineral composition of the varieties of both "Schwarzes Gebirge" of Bräunsdorf and the "felsite horizon" of Halsbrücke were found to be largely alike. This means that together with geophysical measurements presently under way, a connection may be supposed between both of them, which is important with reference to their ore occurrences.

Literatur

BAUMANN, L.: Stand und Aufgaben der geologischen Erkundung in den Buntmetallbergbaubetrieben des erzgebirgischen Raumes. – Ber. Geol. Ges. DDR, 7, 2, 171–205, Berlin 1962.

BAUMANN, L. & G. WEINHOLD: Zum Neuaufschluß des sog. ,,Felsithorizontes" von Halsbrücke. – Z. angew. Geol., 9, 7, 338–345, Berlin 1963.

GÄBERT, C.: Erläuterungen der Geol. Spez.-Karte von Sachsen, Blatt 79 (Sektion Freiberg–Langhennersdorf), 2. Aufl. (1905).

MÜLLER, H.: Die Erzlagerstätten nördlich und nordwestlich von Freiberg. – Gangstudien, herausgeg. von B. v. COTTA, 1. Bd., Freiberg 1850.

– Die Erzgänge des Freiberger Bergreviers. – Erl. Geol. Spez.-Karte v. Sachsen. Leipzig 1901.

NAUMANN, C. F.: Erläuterungen zu Sekt. X der geognostischen Karte von Sachsen, 1845.

OELSNER, O. & L. BAUMANN: Zur Mineralisation und regionalen Verbreitung des sog. ,,Felsithorizontes" am NW-Rand des östlichen Erzgebirgskristallins. – Unveröffentl. Manuskript.

Akten und Rißunterlagen des ehem. Oberbergamtes Freiberg. – Archiv der Bergakademie Freiberg.

Kleintektonik in der Zinnwalder Lagerstätte[1)]

VLADIMÍR ČABLA, Prag

Bei den Untersuchungen in der Umgebung von Zinnwald wurde auch an der strukturtektonischen Erkundung der Lagerstätte und ihrer nächsten Umgebung, d. h. des Zinnwalder Granits und des Teplicer Quarzporphyrs, gearbeitet. Die Kleintektonik wurde in Verbindung mit dem Studium der Makrotektonik untersucht.

Aus Mangel an Aufschlüssen erstreckten sich die Messungen nur auf den Zinnwalder Schacht. Dabei verwendeten wir den Universalkompaß mit der Gradeinteilung nach MÁŠEK. Es wurden etwa 1400 verschiedene Elemente eingemessen, darunter 1200 Klüfte und 70 tektonische Störungen, wovon einige Rutschschrammen zeigten. Der Rest sind primäre Absonderungsflächen im Granit, flache und steile Gänge und Klüfte mit Vergreisenung. Auch das Meßverfahren von MIROSLAV ŠTEMPROK kam zur Anwendung. Für die Messungen wählten wir insgesamt 28 Punkte in regelmäßiger Verteilung über die ganze Lagerstätte. An jedem Punkt wurden etwa 30 bis 80 Werte ermittelt, je nach der Kompliziertheit der betreffenden geologischen Struktur. Alle Klüfte wurden einbezogen, obwohl sie auf den ersten Blick als Klüfte eines Systems erschienen, weil das genaue Streichen und Einfallen jedes Systems bzw. dessen Ablenkung zu ermitteln waren. Die Meßergebnisse jedes Punktes haben wir in Tektonogramme eingetragen. Durch Vergleichen konnten die Unterschiede in den einzelnen Abschnitten der Lagerstätte bestimmt werden. Die Ergebnisse fanden in Abschnittsdiagrammen ihren Niederschlag. Abschließend wurden zusammenfassende Kreisdiagramme für die ganze Lagerstätte angefertigt.

Zur besseren Anschaulichkeit wurden die Flächen auf die obere Halbkugel projiziert, so daß Klüfte mit Neigung nach Nordosten im nordöstlichen Quadranten des Kreisdiagramms erscheinen usw. Die linearen Elemente (z. B. Rutschschrammen) kamen aus dem gleichen Grunde durch ihre Schnittpunkte mit der unteren Halbkugel zur Abbildung. Die Kreisdiagramme (Konturendiagramme) sind mit Hilfe eines einprozentigen Kreiszählers konstruiert worden. Die Rosettendiagramme (Kluftrosen) wurden nach Ausschluß zufälliger und flacher Klüfte zusammengestellt.

Es sollen hier nur die wichtigsten durch das Studium der Kleintektonik gewonnenen Erkenntnisse aufgeführt werden. Bei der Auswertung der Klüfte zeigten sich in den einzelnen Abschnitten der Lagerstätte keine ausgeprägteren Abweichungen. Es ist auch nicht gelungen, in ihrer Anordnung Abweichungen zwischen Quarzporphyr, Granit und Greisen festzustellen. In der Lagerstätte sind zwei Hauptsysteme von Klüften erkennbar. Am häufigsten zeigen sich die in Richtung NE–SW, also die erzgebirgischen. Danach folgt die Richtung NW–SE, die mit der sudetischen übereinstimmt. Im Granit und im Greisen (Abb. 1) unterscheiden sich die beiden Richtungen in der Anzahl der gemessenen Klüfte nur wenig, und ihre Richtungen streuen nur wenig. Im Quarzporphyr (Abb. 2) überwiegen Klüfte der NE-

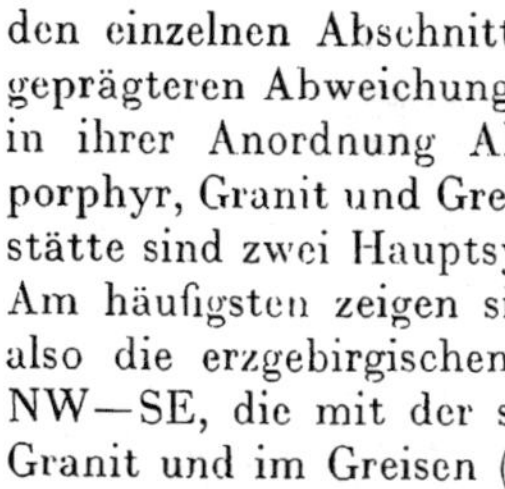

Abb. 1. Klüfte im Zinnwalder Granit

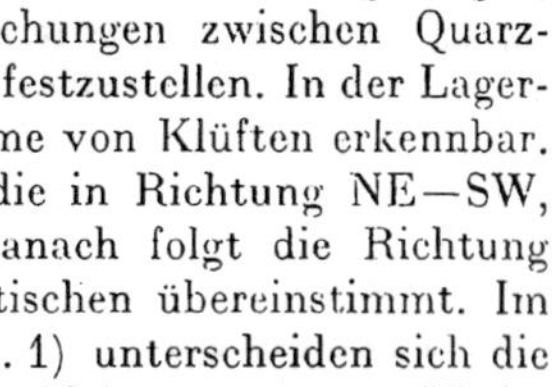

Abb. 2. Klüfte im Teplicer Quarzporphyr

[1)] Aus: ,,Geologický průzkum", Nr. 5, S. 146–147, 1963. Übers.: MÜLLER

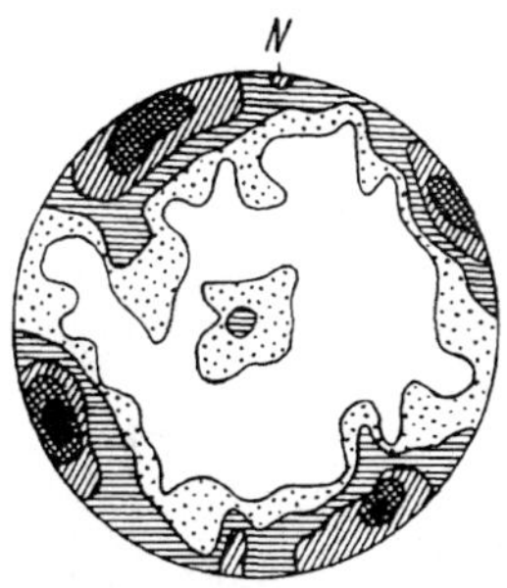

Abb. 3. Summendiagramm der Klüfte in der Zinnwalder Lagerstätte

Weiße Flächen = 0–0,5%, punktierte Flächen = 0,5–1%, horizontal schraffierte Flächen = 1–2%, schräg schraffierte Flächen = 2–3%, kreuzschraffierte Flächen = 3–4%, schwarze Flächen = mehr als 4%

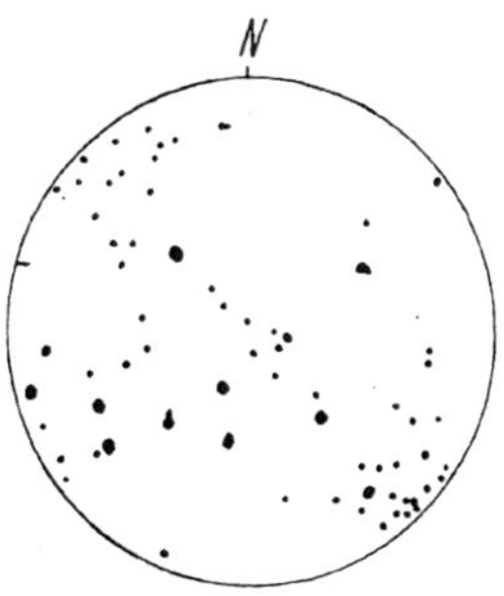

Abb. 4. Diagramm der Harnische und der greisenisierten Klüfte

Kleine Punkte = Rutschschrammen, große Punkte = Pole vergreister Flächen

Richtung. Die Klüfte der NE-Richtung streuen stark und gehen z. T. in die W–E-Richtung über.

Klüfte in N–S-Richtung sind nur in unbedeutendem Maß vertreten. Sie laufen parallel mit den alten N–S-Brüchen, an deren Linien der Teplicer Quarzporphyr und der Zinnwalder Granit aufgedrungen sind und die auch während der Erstarrung des Granits noch Bewegungsbahnen bildeten. Die Klüfte dieser Art haben größtenteils ein jüngeres Alter.

Das NE–SW-System (Abb. 3) wird hauptsächlich von diagonalen Klüften gebildet, die im ganzen Bereich des Teplicer Quarzporphyrs entwickelt sind (nach Beobachtungen von Vladimír Sattran). Ihr Ursprung ist zum Teil saxonisch. In der Nähe der Klüfte des erzgebirgischen Systems ist oft eine Vergreisenung entwickelt (Abb. 4). Deshalb ist anzunehmen, daß ein Teil von ihnen bereits vor der Vergreisenung entstanden ist, und zwar als Begleitklüfte von Störungen in NE-Richtung. Klüfte mit NW-Richtung sind nur vereinzelt vergreist.

Auf allen Diagrammen erscheinen auch flache Klüfte, deren Entstehung man eindeutig durch die Kontraktion des Granits erklären kann. Solche, auch mit Gängen des Zinnwalder Typs, zeigen sich im ganzen Ostteil des Erzgebirges (z. B. der Gang „Lukáš" in Graupen-Krupka). Es ist erwiesen, daß es während der Vergreisenung zur Spaltenbildung und zu Verschiebungen an den Spaltflächen kam. Daher muß die Mehrzahl dieser Klüfte als tektonisch betrachtet werden, und es ist nicht ausgeschlossen, daß ihre Ursache in der Kontraktion des Granits zu suchen ist. Die Tektonik paßte sich dann den Kontraktionserscheinungen und auch der primären Granitabsonderung an. Der größte Teil der flachen Klüfte und Störungen entstand vor der Vergreisenung oder während der Entwicklung der klastischen Zinnwalder Gänge und der Vergreisenung. Oft aber zeigen sich auch Störungen, die nicht von ihr betroffen sind und daher als jünger angesehen werden müssen. Eine Altersbeziehung der flachen und der nordöstlichen Störungen konnte nur in wenigen Fällen beobachtet werden, wo die flachen Störungen von jüngeren nordöstlichen Störungen durchquert werden.

Eine interessante Erscheinung konnte beim Studium der tektonischen Harnische (Abb. 4) beobachtet werden. Die Richtung der Rutschschrammen ist NE–SW mit überwiegender Neigung nach SW, ohne Rücksicht auf Richtung und Neigung der entsprechenden Störungen. Das ist ein Beweis dafür, daß der überwiegende Teil der Bewegungen im Zinnwalder Gebiet in der erzgebirgischen Richtung verlief, wenn auch vereinzelte Bewegungen manchmal eine andere bevorzugten. In der Mehrzahl sanken die nordwestlichen Schollen gegenüber den südöstlichen ab.

Das absolute Alter der einzelnen tektonischen Systeme ist nicht genau zu bestimmen, weil viele Störungen während der saxonischen Faltung entstanden sind. Das erklärt die häufigen Fälle, in denen die Wechselbeziehung der Störungen nicht den Vorstellungen von der tektonischen Entwicklung dieses Gebiets im Verlaufe der variszischen Faltung entspricht.

In der Lagerstätte wurden auch die primären Absonderungen des Zinnwalder Granits eingeschätzt. Am häufigsten zeigen sich mehr oder weniger gekrümmte Flächen primärer sphärischer Art. Sehr häufig ist die nebenhergehende Absonderung zur tektonischen Störung (Schieferung) festzustellen. Diese verzerren beträchtlich die Ergebnisse von Messungen der primären Absonderung im Granit. In der Lagerstätte überwiegen die flachen „L-Flächen" gegenüber den steilen, die in alle Richtungen streuen. Im westlichen Teil der Lagerstätte ist die steile Absonderung häufiger als die flache entwickelt. Eine Wirkung der Absonderungsflächen bei der Vergreisenung ist nicht nachweisbar, weil sie im dortigen Bereich von dieser verdeckt werden. Man muß jedoch die Übereinstimmung der primären Absonderung des Granits mit der räumlichen Verteilung der Vergreisenung und mit der Entwicklung der Tektonik in Betracht ziehen.

Aus diesen Beobachtungen geht hervor, daß die tektonische Analyse in den Granitkuppen gleiche Ergebnisse bringt wie in den kristallinen Schiefern. Allerdings darf man sich nicht auf die Messung der Klüfte beschränken und hierüber andere wichtige Erscheinungen der Tektonik und der primären Struktur des Granits vernachlässigen. Die kleintektonische Analyse erfordert sehr viel Zeit. Bei der Zinnwalder Lagerstätte nehmen die Geländemessungen zusammen mit der Auswertung etwa 6 Wochen reiner Arbeitszeit in Anspruch. Um entsprechende Ergebnisse zu erreichen, müssen alle Mittel der geologischen Erkundung komplex angewandt werden, hauptsächlich das detaillierte Studium der Makrotektonik und der Anordnung der Bauelemente des Gesteins. In der geologischen Erkundung beginnt man in der letzten Zeit immer mehr, Nachdruck auf die Kleintektonik zu legen. Dabei handelt es sich aber vorwiegend nur um das Messen von Klüften zur Ausarbeitung eines Summendiagramms ohne gründlichere Auswertung. Dieses Verfahren ist hauptsächlich für den Abbau von Bedeutung, gewährt aber keine neuen Erkenntnisse über die Lagerstätte. Erst eine komplexe Bearbeitung der Tektonik liefert ausreichende Daten für das Studium ihrer Genesis.

Wesentliche Bedeutung hat die Kleintektonik auch bei der Erkundung höffiger Gebiete, wo diese Methode auch zum Aufsuchen neuer Lagerstätten führen kann. Die hohe Zeitaufwendigkeit dieses Verfahrens wird jedoch in einigen Arbeitsstellen hinderlich für seine Anwendung sein.

KONSTANTINOW, M. M., UdSSR

„Verdeckte" Erzgürtel[1]

Referiert von WOLFGANG BEYER, Schneeberg (Erzgeb.)

In den letzten Jahren richteten die sowjetischen Geologen ihre Aufmerksamkeit auf die Erkundung von Erzlagerstätten, die nicht auf der Erdoberfläche ausstreichen.

Durch die Modernisierung der Bohr- und Bergbautechnik kann in immer tiefere Krustenbereiche vorgestoßen werden. Mit Turbobohrungen können Teufen von 6—7 km durchschrotet werden. Die Bergbautechnik erreicht Schachtteufen bis zu 3,3 km (Witwatersrand/Südafrika). Deshalb müssen auch an die Erkundungsmethoden von Lagerstätten neue Anforderungen gestellt werden.

Der geologische Bau der Sowjetunion bringt es mit sich, daß in der Zukunft der Erkundung „verdeckter" Erzvorkommen eine besondere Aufmerksamkeit geschenkt werden muß.

Strukturelemente der Erdkruste	Bedeckte Fläche des gesamten Territoriums (in %)		
	UdSSR	Sozialistische Länder	Kapitalistische Länder
Schilde	5	5	45
Tafeln	50	40	30
Faltungsgebiete	45	55	25
davon: kaledonisch	2	2	2
variskisch	9	28	4
mesozoisch (kimmerisch usw.)	27	19	1
alpidisch	7	6	18

Die Tafeln, die von mächtigen jüngeren Ablagerungen bedeckt sind, spielen in der Sowjetunion eine große Rolle. Deshalb steht die Entwicklung von Erkundungsmethoden im Vordergrund, mit denen man das tieflagernde Grundgebirge untersuchen kann. Gleichzeitig damit steht auch das Problem, inwieweit der sedimentäre Tafeloberbau als erzhöffig angesehen werden kann.

Wie der Autor zeigt, können im kristallinen Fundament gewisse Erzgürtel ausgehalten werden. Diese Erzgürtel sind

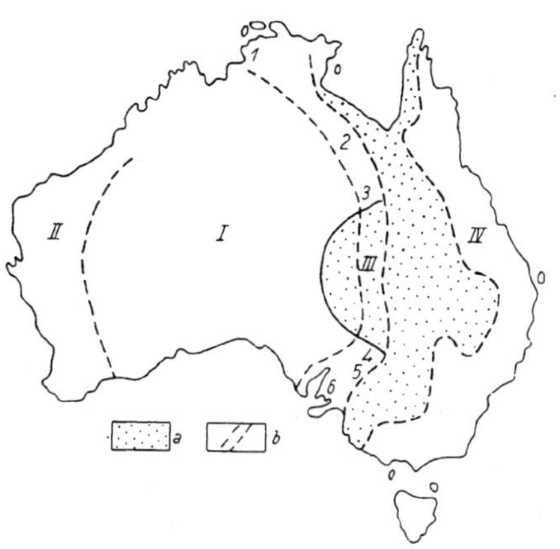

Abb. 1. Schema der Metallogenese Australiens

a — mesozoisch-känozoische Ablagerungen des Großen Artesischen Beckens, b — Grenzen der Erzprovinzen

I — Zentralaustralische Provinz (Au, Ta, Nb), II — Westaustralische Provinz (Ta, Nb, W, Sn, Au); III — Ostaustralische Provinz (Cu, Pb, Zn, U); IV — Tasmanische Provinz (W, Sn, Cu, Pb, Zn)

1 — Rum Jungle; 2 — Mt. Isa; 3 — Mt. Cobalt; 4 — Broken Hill; 5 — Radium Hill; 6 — Adelaide

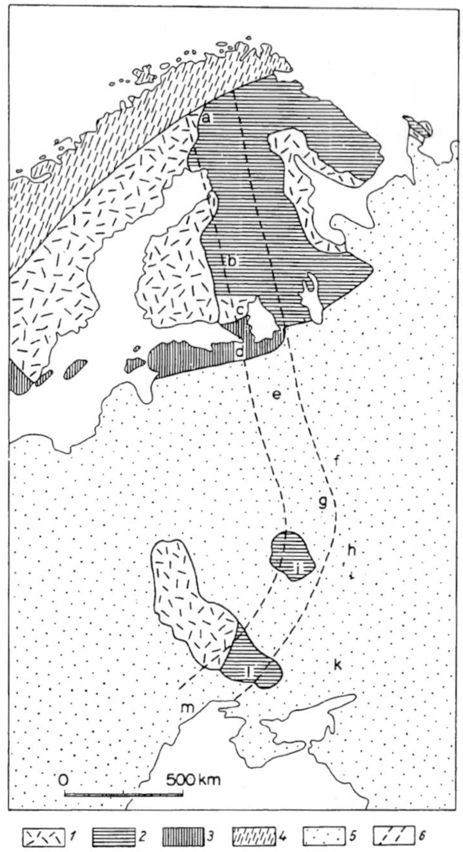

Abb. 2. Schema der Metallogenese des baltisch-ukrainischen Erzgürtels

1 — Archaikum; 2 — Proterozoikum, im Fundament der Plattform punktiert; 3 — Kambro-Silur; 4 — Kaledoniden; 5 — Sedimente der Plattform; 6 — Konturen des Erzfeldes

a — Kirunavaara, Luosavaara; b — Outukumpu; c — Pitkäranta; d — Leningrad; e — Borowitschi; f — Moskau; g — Tula; h — Lipezk; i — Kursk; k — Artjemowsk; l — Kriwoi Rog; m — Odessa

durch eine bevorzugte Anreicherung bestimmter Elemente ausgezeichnet, die in Lagerstätten der verschiedensten Genesen in Erscheinung treten können. Vielfach werden die Tafelgebiete von jüngeren Sedimenten überdeckt, so daß die Fortsetzung eines Erzgürtels nur vermutet werden kann. Mitunter können auch sedimentäre Lagerstätten des Tafeloberbaues Hinweise auf das Tafelfundament geben. Gegenwärtig betrachtet man verschiedene Lagerstättentypen des Tafeloberbaues als geochemische Dispersionsaureolen des darunterliegenden Erzgürtels im Tafelfundament. Der gesetzmäßige Zusammenhang der Metallogenese des Tafelfundamentes mit den Erzkonzentrationen des sedimentären Oberbaues bildet die theoretische Basis, mit deren Hilfe die Erzhöffigkeit des Fundamentes eingeschätzt werden kann.

Relativ einfach sind solche Fälle, wo die Erzgürtel unter jüngerer Bedeckung verschwinden und an anderer Stelle erneut auftauchen. Derartige Fälle werden auch in der vorliegenden Arbeit beschrieben. Es werden Beispiele „verdeckter" Erzgürtel aus Australien, Südafrika und der Sowjetunion erwähnt.

[1]) Aus: Isw. Akad. Nauk SSSR, Serie Geologie, H. 9, 18—26 (1962)

In Australien (Abb. 1) erstreckt sich am Ostrand des präkambrischen Schildes ein deutlich erkennbarer Erzgürtel. Er beginnt im Norden bei Kap Darwin und endet im Süden in der Gegend von Adelaide (3000 km Länge). Die Metallogenese umfaßt polymetallische und Cu-Lagerstätten. Untergeordnete Bedeutung haben Co, U, Fe, Sn und andere Metalle. Im Norden, im Erzbezirk Katherine—Darwin, befinden sich die bekannte Cu-U-Lagerstätte Rum Jungle und einige kleinere W- und Sn-Lagerstätten. Etwas südlicher liegt die polymetallische Cu-Lagerstätte Mt. Isa, in deren Umgebung in den letzten Jahren auch die U-Lagerstätte Mary Ketlin entdeckt wurde.

Im Südteil dieses Gebietes befindet sich die Co-Lagerstätte Mt. Cobalt. Nach Süden verschwindet der Erzgürtel unter den mesozoisch-känozoischen Ablagerungen des Großen Artesischen Beckens (etwa im Bereich von 900 km Länge). Erneut tritt der Erzgürtel in der polymetallischen Lagerstätte Broken Hill auf. Südlicher folgen dann die U-Lagerstätte Radium Hill und Cu-Lagerstätten im Gebiet von Adelaide.

In Südafrika liegt im Zentrum des aufgeschlossenen Präkambriums die Kalaharisenke, die mit oberkarbonisch—tertiären Sedimenten erfüllt ist. Diese Senke wird von Faltungsgebieten unterschiedlicher tektonischer Zyklen umgeben, von denen jeder eine eigene Metallogenese besitzt. So ist für den Schambaisker Faltungszyklus (ungef. 2650 Mill. Jahre) im Süden von Sambesi Chromit-, Platin- und teilweise Goldvererzung charakteristisch. Dieser Erzgürtel wird anscheinend in südwestlicher Richtung von den Ablagerungen der Kalahari bedeckt. Im Gebiet des Sambesi sind auch die Katangiden (650—600 Mill. Jahre) verbreitet. Sie sind durch polymetallische, U-, Cu- und teilweise auch Co-Vererzung gekennzeichnet. Im Norden dieses Erzgürtels liegt das bekannte Cu-Feld von Kongo—Nordrhodesien. Etwas südlicher folgen die polymetallische Lagerstätte Broken Hill und andere. Nachdem dieser Faltungsgürtel in seinen mittleren Teilen von den Ablagerungen der Kalaharisenke verdeckt wird, taucht er von neuem in SW-Afrika auf, wo das Vorhandensein einer Cu- und polymetallischen Vererzung typisch ist (Tsumeb, Abmab u. a.).

Der baltisch—ukrainische Erzgürtel (Abb. 2) beginnt im Baltischen Schild, wird später von den Ablagerungen der Russischen Tafel verdeckt und endet im Ukrainischen Schild. Die Lagerstätten dieses Erzgürtels gehören entweder zum unteren Proterozoikum oder zum oberen Archaikum. Die Hauptmetalle sind Fe, Cu, U, Co und Ni. Im Norden dieses Erzgürtels sind Eisenerze weit verbreitet (Kirunavaara, Luosavaara). Die Cu-Lagerstätte Outukumpu befindet sich im Ostteil Finnlands. Südlicher, im Gebiet des Ladoga-Sees, ist die Fe-Lagerstätte Pitkäranta bekannt. In diesem Gebiet verschwindet der Erzgürtel unter den Ablagerungen des Tafeloberbaues. Der „verdeckte" Erzgürtel tritt erneut in der Woronescher Erhebung auf (Fe-Lagerstätten der Kursker Magnetanomalie). Später wird der Erzgürtel von den Ablagerungen der Donez-Senke verdeckt und tritt nochmals im Ukrainischen Schild auf (Fe-Lagerstätte Kriwoi Rog). Interessant ist der Umstand, daß dieser Erzgürtel von gewissen Metallkonzentrationen im sedimentären Tafeloberbau begleitet wird. Hierzu rechnen die erhöhten Pb-Konzentrationen in den Steinkohlenablagerungen von Borowitschi (südöstlich von Leningrad), von Zink im Gebiet von Tula, die Fe-Lagerstätte von Lipezk und Pb- und Cu-Konzentrationen in den permischen Ablagerungen der Artjemowsker Senke.

Zum Schluß weist der Autor darauf hin, daß auf Tafeln unbedingt Tiefbohrungen notwendig sind, die unter dem Gesichtspunkt ihrer Erzhöffigkeit untersucht werden müssen.

Zur Diskussion über den besten Mittelwert[1)]

HORST QUELLMALZ, Berlin

(Veröffentlichung Nr. 10 der Zentralen Vorratskommission)

Aus der sowjetischen Zeitschrift „Raswedka i ochrana nedr" (Nr. 3, 1962) wurde in die „Zeitschrift für angewandte Geologie" (Heft 7/1963) ein Aufsatz von A. A PETROW „Über die Unanwendbarkeit der Methode des Wägens bei der Berechnung des Durchschnittsgehaltes" übernommen. Da er als Beitrag zur „Diskussion über den besten Mittelwert" in dieser Zeitschrift (s. F. STAMMBERGER 1958 u. 1963 und W. GOTTE 1959) angesehen werden und nicht unwidersprochen bleiben kann, wird hier kurz zu dieser Arbeit Stellung genommen.

PETROWs Meinung läßt sich durch zwei Zitate aus seinem Aufsatz zusammenfassen:

1. „Mit der Vergrößerung der Anzahl der Messungen nähert sich der gewogene Durchschnitt dem arithmetischen Durchschnitt; bei unendlich großer Anzahl sind sie gleich; . . . . " (s. S. 346 unten).

2. „Die Methode des Wägens darf . . . . für die Berechnung des durchschnittlichen Gehaltes in den Blöcken (Abschnitten) der Lagerstätten nicht angewandt werden. Die einzige annehmbare Methode ist die Methode des arithmetischen Durchschnitts" (s. S. 348 Ende).

Im Sekretariat der ZVK wurden PETROWs Anschauungen diskutiert und sein Modell näher untersucht.

Man muß bei der Berechnung von Mittelwerten zwischen zwei Arten von Mittelwerten unterscheiden:

In einem Fall wird der beste Ersatzwert für eine in der Nähe real existierende Größe gesucht (hier tritt die Fehlerrechnung in Aktion). Im zweiten Fall ist das Mittel eine Charakteristik für eine Maßreihe. Das Mittel braucht dabei als Wert in der Natur (oder der Maßreihe) gar nicht vorhanden zu sein (hier tritt die mathematische Statistik in Aktion). Außerdem muß man sich darüber klarwerden, was gebraucht und gesucht wird:

1. das Mittel der Gehalte einer Reihe;
2. der Durchschnittsgehalt einer Fläche (z. B. Blockfläche).

F. STAMMBERGER hat auf diese Unterschiede wiederholt hingewiesen. Er wird an anderer Stelle zu den zwei Arten der Mittelwerte ausführlich Stellung nehmen.

Im vorliegenden Falle (Modell PETROW) wird ein Mittel der zweiten Art, und zwar für eine Fläche, gesucht. Im Beispiel von PETROW

(Punkt A Mächtigkeit $m = 10$ m
Gehalt $G = 80\%$
Punkt B Mächtigkeit $m = 2$ m
Gehalt $G = 20\%$)

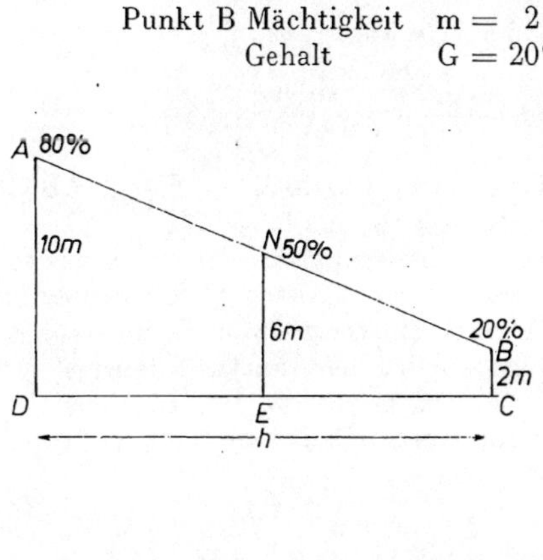

Abb. 1

1) Eingang des Manuskripts in der Redaktion: 4. 9. 1963

(s. dort Abb. 1) liegen bei Annahme einer linearen Abhängigkeit zwischen m (Mächtigkeit) und G (Gehalt) das arithmetische Mittel der Gehalte bei 50% und das der Mächtigkeit bei 6 m (Abb 1).

Dieses Mittel der Gehalte von 50% ist nicht gleich dem mittleren Gehalt der Fläche ABCD. Das sei durch folgende Überlegungen (nach F. STAMMBERGER) bewiesen.

1. Man knicke in Abb. 1 an der Linie EN die Fläche ABCD und erhält somit zwei kongruente Flächen: Fläche B C E N ≙ Fläche DEFN (Abb. 2 schraffierte Fläche). Dabei ist h = Abstand der Punkte A und B.

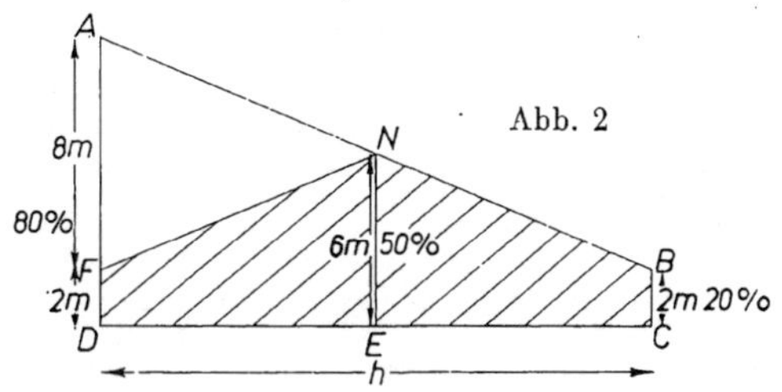

Abb. 2

Innerhalb der Fläche BCDFN ist der mittlere Gehalt auf Grund der Kongruenz gleich $50\% \left(= \frac{80 + 20}{2}\right)$.

Da in der Fläche ANF die Gehalte nur zwischen 50 bis 80% liegen, die als Mittel niemals 50% oder weniger haben können, muß der mittlere Gehalt der Fläche ABCD also > 50% sein.

Den mittleren Gehalt der Fläche erhält man durch die Bildung unendlich vieler solcher kongruenter Flächen, in denen mit Bestimmtheit der mittlere Gehalt angegeben werden kann.

Zum Beispiel: In der Fläche ANF ist die schraffierte Fläche

mit $65\% \left(= \frac{80 + 50}{2}\right)$ enthalten (Abb. 3):

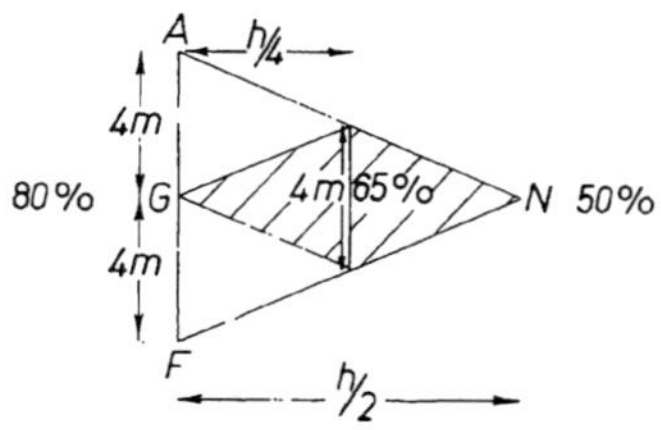

Abb. 3

Dieser Rechengang wird mit jedem Dreieck fortgesetzt (s. Tab. 1).

Führt man die Tabelle bis ins ∞ fort, dann erhält man:

$\lim_{\to \infty} \Sigma F_i = 6\,h$ (berechne Fläche ABCD)

$\lim_{i \to \infty} \Sigma G_i F_i = 340\,h$ (s. Tab. 1, Sp. 6)

mittlerer Gehalt: $\frac{\Sigma G_i F_i}{\Sigma F_i} = \frac{340\,h}{6\,h} = 56\frac{2}{3}\,\%$

Der tatsächliche mittlere Gehalt der Fläche ABCD liegt nach der ersten Überlegung bei 56,6%.

2. Bei der zweiten Überlegung wird der Anteil des sogenannten „linearen Vorrats" (nach F. STAMMBERGER der Vorrat mit einem Gehalt von 100% im Bemusterungspunkt) in der Fläche ABCD berechnet. Im Beispiel von PETROW, wo $m_1 = 10$ m, $G_1 = 80\%$ ist, berechnet sich die Mächtigkeit für einen Gehalt von 100% (= Nutzmächtigkeit) zu 8 m. In Tabelle 2 sind einige Nutzmächtigkeiten zusammengestellt:

Tabelle 1

mittl. Gehalt der Teilfläche	Teilfläche	Anzahl d. Teilflächen	Σ-Teilflächen	$G_i \cdot F_i$	$\sum_0^i G_i \cdot F_i$
G_i			F_i		
%	m²		m²	m²%	m²%
1	2	3	4 = 2×3	5 = 1×4	6
50%	4 h	1	4 h	200,000 h	200,000 h
65%	h	1	h	65,000 h	265,000 h
72,5%	$\frac{1}{4}$ h	2	$\frac{1}{2}$ h	36,250 h	301,250 h
76,25%	$\frac{1}{16}$ h	4	$\frac{1}{4}$ h	19,062 h	320,312 h
78,125%	$\frac{1}{64}$ h	8	$\frac{1}{8}$ h	9,766 h	330,077 h
79,0625%	$\frac{1}{256}$ h	16	$\frac{1}{16}$ h	4,941 h	335,018 h
79,53125%	$\frac{1}{1024}$ h	32	$\frac{1}{32}$ h	2,485 h	337,503 h
79,765626%	$\frac{1}{4096}$ h	64	$\frac{1}{64}$ h	1,246 h	338,749 h
79,882813%	$\frac{1}{16384}$ h	128	$\frac{1}{128}$ h	0,624 h	339,373 h
79,9414065%	$\frac{1}{65536}$ h	256	$\frac{1}{256}$ h	0,312 h	339,685 h
79,97070325%	$\frac{1}{262144}$ h	512	$\frac{1}{512}$ h	0,156 h	339,841 h

Tabelle 2

x	= 2	3	4	5	6	7	8	9	10
y = Nutzmächtigk.	= 0,4	0,825	1,4	2,125	3	4,025	5,2	6,525	8

Aus diesen Wertepaaren läßt sich folgender funktioneller Zusammenhang ableiten:

$$y = 0{,}075\,x^2 + 0{,}05\,x$$

Abb. 4 gibt die graphische Darstellung dieser Funktion.

Das Integral der Funktion ergibt die Fläche, in der der Gehalt gleich 100% ist.

$$F_1 = \int_2^{10} (0{,}075\,x^2 + 0{,}05\,x)\,dx = 0{,}025 \cdot 10^3 + 0{,}025 \cdot 10^2 - 0{,}025 \cdot 2^3 - 0{,}025 \cdot 2^2$$

$F_1 = 27{,}2$ Einheiten

Aus Abb. 4 oder mit Hilfe der Funktion $y = x$ läßt sich der Inhalt der Fläche ABCD wie folgt berechnen:

$$F_2 = \int_2^{10} x\,dx = \left[\frac{1}{2}x^2\right]_2^{10} = 48 \text{ (Einheiten)}$$

Der prozentuale Anteil der Fläche des linearen Vorrats in der Fläche ABCD berechnet sich wie folgt:

$$\frac{F_1}{F_2} \cdot 100 = \frac{27{,}2}{48} \cdot 100 = 56\,\frac{2}{3}\,\%$$

Der mittlere Gehalt der Fläche ABCD liegt nach Überlegung 2 ebenfalls bei 56,6%.

3. Verändert man PETROWS Beispiel derart, daß im Punkt A bei 10 m ein Gehalt von 20% und im Punkt B bei 2 m ein Gehalt von 80% vorhanden ist, wobei also wiederum nach PETROW mit einem Durchschnitt von

50% gerechnet werden müßte, dann ergibt sich folgender, zu 2 analoger Rechengang:

Tabelle 3

x	2	3	4	5	6	7	8	9	10
y	1,6	2,175	2,6	2,875	3,0	2,975	2,8	2,475	2,0

Funktion: $y = -0{,}075\,x^2 + 0{,}95\,x$
Graphische Darstellung (s. Abb. 5)
Fläche des linearen Vorrats:

$$F_1 = \int_2^{10}(-0{,}075x^2 + 0{,}95x)\,dx = -0{,}025 \cdot 10^3 + 0{,}475 \cdot 10^2 + 0{,}025 \cdot 2^3 - 0{,}475 \cdot 2^2$$

$$F_1 = 20{,}8 \text{ Einheiten}$$

Fläche ABCD: $F_2 = \int_2^{10} x\,dx = \left[\frac{x^2}{2}\right]_2^{10} = 48$ Einheiten

Prozentualer Anteil:
$F_1/F_2 \cdot 100 = 20{,}8/48 \cdot 100 = 43^1/_3\%$

Auch in diesem Beispiel wird mit PETROWs Berechnungsweise nicht der tatsächliche durchschnittliche Gehalt der Fläche erhalten. Da die durchgeführten Ableitungen und Berechnungen streng mathematisch erfolgten, d. h. die Anzahl der Messungen in Tab. 1 bei PETROW (s. S. 346) ∞ groß ist, ist der Beweis erbracht, daß die These von PETROW in den obengenannten Punkten 1 und 2 falsch ist.

Zu den aufgeworfenen Problemen kann auf Grund der vorliegenden Überlegungen wie folgt Stellung genommen werden:

1. Das tatsächliche Mittel stimmt nicht mit dem arithmetischen überein, es liegt bei 56,6%.
2. Dieser Mittelwert von 56,6% kann nur durch richtige Wägung (hier mit der Fläche) erhalten werden.
3. Petrow kann nur zugestanden werden, daß für eine Überschlagsrechnung der arithmetische Durchschnitt dem tatsächlichen mittleren Gehalt der Blockfläche ausreichend nahekommt. Die formale Wägung muß grundsätzlich abgelehnt werden.

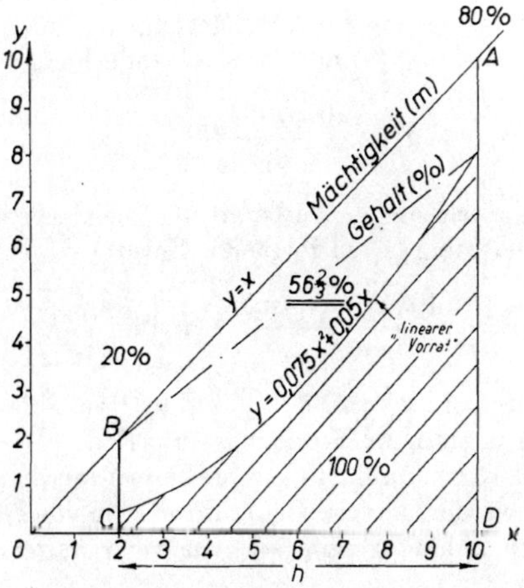

Abb. 4

Diese Bemerkungen zum Aufsatz von PETROW geben noch keine Hinweise, wie künftig in jeder Situation gerechnet werden muß. Zunächst sollten hier die Ansichten PETROWs kritisch analysiert werden, damit bei Vorratsberechnungen keine falschen Schlußfolgerungen gezogen werden.

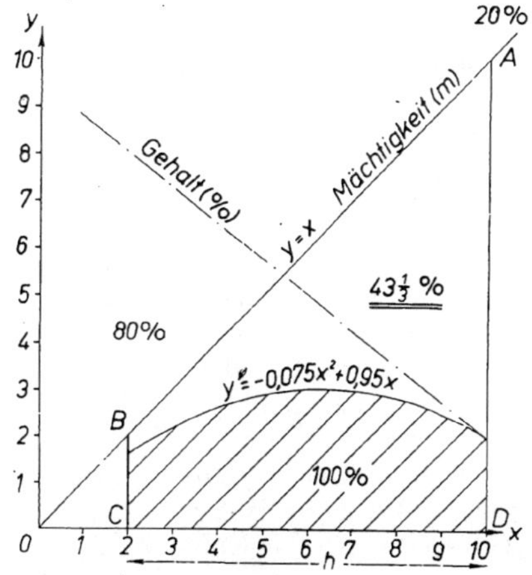

Abb. 5

Wie die Frage nach dem richtigen Mittelwert einfach beantwortet werden kann, d. h., wie man erkennen kann, ob arithmetisch, gewogen (und womit) oder noch anders gemittelt werden muß, wird in einer anderen Veröffentlichung erläutert werden[2]). Hier kann lediglich konstatiert werden, daß bei gesetzmäßiger Abhängigkeit zwischen zwei Parametern die „Methode des Wägens" den besseren, theoretisch sogar den tatsächlichen Durchschnitt liefert.

[2]) F. STAMMBERGER: Grundlagen der Bewertung von Lagerstätten fester mineralischer Rohstoffe. — Schriftenreihe des praktischen Geologen, in Vorbereitung

Zusammenfassung

Als Beitrag zur „Diskussion über den besten Mittelwert" wurde als Antwort auf den Aufsatz von A. A. PETROW (s. „Zeitschrift für angewandte Geologie", H. 7/1963) der Durchschnittsgehalt einer Fläche berechnet. Anhand streng mathematischer Ableitungen wurde nachgewiesen, daß nur durch richtige Wägung der tatsächliche Durchschnittsgehalt einer Fläche erhalten wird. Außerdem wird darauf hingewiesen, daß bei der „Diskussion über den besten Mittelwert" unterschieden werden muß zwischen a) dem Mittel (z. B. der Gehalte, einer Maßreihe) und b) dem Durchschnittsgehalt einer Fläche (z. B. Blockfläche).

Резюме

Как вклад к „Дискузнии о наилучшем среднем ссачении" и в ответ на статью А. А. ПЕТРОВА (см. „Журнал прикладной геологии", 7/1963) автор разчитывает среднее содержание двухмерного пространства (плоскости). Строгоматематическими выводами доказывается, что только правильной выборкой получается истинное среднее содержание плоскости. Кроме того, указывается, что при „Дискуссии о наилучшем среднем значении" надо различать между а) средним значением (напр. содержаний, последовательности замеров) и б) средним содержанием плоскости (напр. плоскости расчетного блока).

Summary

In reply to the article published by A. A. PETROW (cf. „Zeitschrift für angewandte Geologie", No. 7/1963), the average content of an area was calculated as a contribution to the "Discussion of the optimum mean value". Strict mathematical derivations show that the real average content of an area can only be obtained by correct weighing. It is also emphasized that such a discussion implies a distinction between a) the mean), (e. g. of the contents of a series of measurements, and b) the average content of an area (e. g. of a block area).

Allgemeine Bedingungen der Abbauwürdigkeit[1]

B. SOUKUP, Prag

Die allgemeinen Bedingungen der Abbauwürdigkeit sind vor allem zur Auswertung der Erkundungsetappe der geologischen Forschung bestimmt. Da die Kenntnisse über die Lagerstätte in dieser Etappe nur Rahmenkenntnisse sind, können die allgemeinen Bedingungen noch nicht den Besonderheiten der Lagerstätte angepaßt werden, sondern müssen sich auf Kennziffern beschränken, die wenigstens für eine Lagerstätte von bestimmtem Typ, für einen bestimmten Rohstoff und für eine bestimmte Aufbereitungstechnologie allgemeine Gültigkeit besitzen.

Der Hauptzweck der ökonomischen Bewertung der geologischen Forschung im Erkundungsstadium ist die Feststellung der Abbauwürdigkeit der Lagerstätte, wobei der Begriff der Abbauwürdigkeit als ökonomische Kategorie aufgefaßt wird. Die Abbauwürdigkeit setzt die technische Möglichkeit des Abbaus, die technologische Möglichkeit der Aufbereitung und Weiterverarbeitung voraus, und eine spezifische Forderung der Abbauwürdigkeit geht dahin, daß die Menge der zur Gewinnung eines bestimmten Rohstoffes aufgewandten gesellschaftlich notwendigen Arbeit ihrem wirtschaftlichen Wert proportional sein muß. Die allgemeinen Bedingungen der Abbauwürdigkeit müssen sich also auf die Proportionalität des Aufwandes an gesellschaftlicher Arbeit, ausgedrückt durch die Selbstkosten der Förderung und der Verarbeitung des Rohstoffes, und auf ihre wirtschaftlichen Werte stützen, ausgedrückt durch den Preis oder durch die maximal zulässigen Selbstkosten. Diese maximal zulässigen Selbstkosten werden dort angewandt, wo sich die staatlichen Preise und die Selbstkosten des Rohstoffes nicht in der richtigen Relation befinden; in solchen Fällen wird es erforderlich sein, diese maximal zulässigen Selbstkosten unabhängig von den gültigen staatlichen Preisen festzulegen.

Während sich die Festlegung der Preise (der maximal zulässigen Kosten) auf breitere volkswirtschaftliche Erwägungen stützt, hängen die Gewinnungsselbstkosten und die Verarbeitungskosten des Rohstoffes von den geologischen, bergbautechnischen und technologischen Bedingungen der Ausbeutung der Lagerstätte ab. Die wichtigsten Faktoren, die auf die Höhe der Selbstkosten Einfluß nehmen, sind: Größe der Vorräte, Kapazität des Betriebes, Mächtigkeit der Lagerstätte, chemische Zusammensetzung des Rohstoffes, physikalische Eigenschaften des Rohstoffes und der Nebengesteine, Tiefe, Einfallen und streichende Erstreckung des Lagers, Verarbeitungstechnologie, Bedingungen für den Aufbau des Betriebes, Möglichkeit der Wasserversorgung, der Energieversorgung und der Materialversorgung und die Möglichkeit der Gewinnung von Arbeitskräften.

Von den genannten Faktoren müssen die wichtigsten, die von entscheidendem Einfluß auf die Höhe der Kosten sind, ausgegliedert werden. Ferner ist die Abhängigkeit zwischen diesen Faktoren und den Selbstkosten des Rohstoffes auszudrücken. Für die mathematische Formulierung der Abhängigkeit der Hauptfaktoren der Gewinnung und Verarbeitung von Erzen benutzen wir folgende Symbole:

geologische Vorräte, in 1000 t	Z_0
ausbringbare Vorräte, in 1000 t	Z_1
Mächtigkeit der Lagerstätte, m	m
Abraumverhältnis, m³/t	s
Ausbringen beim Abbau, %	v
Verunreinigung beim Abbau, %	z
geologischer Metallgehalt, %	α_0
Metallgehalt des gewonnenen Erzes, %	α_1
Metallgehalt des Konzentrates, %	β
Ausbeute an Metall im Konzentrat, %	ε
Kapazität des Betriebes, in 1000 t	K
Kosten für die Gewinnung von 1 t Erz einschließlich Transport zur Aufbereitungsanlage, Kčs	n_1
Aufbereitungskosten von 1 t Erz, Kčs	n_2
Selbstkosten von 1 t Konzentrat, Kčs	n
Preis (maximal zulässige Selbstkosten) von 1 t Konzentrat, Kčs	c

Die allgemeinen Bedingungen der Abbauwürdigkeit müssen der Grundgleichheit der Selbstkosten und des Preises (der maximal zulässigen Kosten) entsprechen:

$$n = c$$

Die Kosten für eine Tonne Konzentrat in Abhängigkeit von den Hauptfaktoren werden dann allgemein durch folgende Gleichung ausgedrückt:

$$n = \frac{100(n_1 + n_2)\beta}{\alpha_1 \varepsilon} \quad (1)$$

Bei einigen Rohstoffen ist es üblich, den Preis für 1 kg Metallgehalt auszudrücken. In diesen Fällen wird es zweckmäßig sein, auch die Selbstkosten der Gewinnung und der Verarbeitung für 1 kg Metallgehalt zu bestimmen; die Gleichung (1) hat dann folgende Form:

$$n' = \frac{10(n_1 + n_2)}{\alpha_1 \varepsilon} \quad (1a)$$

Bei einem zweistufigen Aufbereitungsverfahren ändert sich die Gleichung (1) zu folgender Form:

$$n = \left[\frac{100\beta_1(n_1 + n_2)}{\alpha_1 \varepsilon_1} + n_3\right] \frac{100\beta_2}{\beta_1 \varepsilon_2} \quad (1b)$$

in der n_2 und n_3, β_1 und β_2, ε_1 und ε_2 Kennziffern der ersten und zweiten Aufbereitungsstufe sind.

Einige der genannten Faktoren können als konstant angesehen werden, andere wiederum werden von anderen Kennziffern abhängig sein, wie wir noch weiter sehen werden.

Der Metallgehalt des gewonnenen Erzes ist vom geologischen Metallgehalt und von der Verunreinigung abhängig:

$$\alpha_1 = \frac{\alpha_0(100 - z)}{100} \quad (2)$$

Das Ausbringen der Aufbereitung ist vom Metallgehalt des verarbeiteten Erzes abhängig, wobei wir zur Ver-

[1]) Eingang des Manuskripts in der Redaktion am 13. 11. 1962. Übers.: F. MÜLLER

einfachung der Berechnungen diese Abhängigkeit als lineare Abhängigkeit betrachten:

$$\varepsilon = a + b\alpha_1 \qquad (3)$$

wobei a und b die Parameter der entsprechenden Geradengleichung sind, die auf der Grundlage technologischer Prüfungen ermittelt werden. Bei Rohstoffen, bei denen nicht genügend Daten zur Bestimmung der genannten Abhängigkeit vorliegen, rechnen wir mit konstantem Ausbringen.

Die Aufbereitungskosten des Erzes sind von der Kapazität des Betriebes abhängig:

$$n_2 = a_1 + b_1/K \qquad (4)$$

Die Parameter a_1 und b_1 der angegebenen Gleichung werden auf der Grundlage von Analysen der Selbstkosten und der Kapazitäten vorhandener und projektierter Aufbereitungsanlagen ermittelt.

Die Gewinnungskosten sind von der Kapazität des Betriebes und von der Mächtigkeit der Lagerstätte abhängig (bei Gewinnung im Tagebau vom Abraumverhältnis):

$$n_1 = a_2 + b_2/m + c_2/K \qquad (5)$$

und bei Gewinnung im Tagebau:

$$n_1 = a_2 + b_2 s + c_2/K \qquad (5a)$$

wobei a_2, b_2 und c_2 wieder Parameter sind, die aus der Analyse der Kennziffern vorhandener und projektierter Betriebe ermittelt werden. Die Mächtigkeit, das Einfallen und die streichende Erstreckung des Lagers sind nicht als besondere Faktoren angegeben, weil die allgemeinen Bedingungen für den Rohstoff so festgelegt sind, daß der Einfluß der genannten weiteren Bedingungen in der Größe a_2 enthalten ist.

Die Kapazität des Betriebes hängt von der Möglichkeit der ausbringbaren Vorräte nach folgender Gleichung ab:

$$K = a_3 - b_3/\sqrt{Z_1} \qquad (6)$$

wobei a_3 und b_3 wiederum Parameter sind, die auf der Grundlage von Kapazitätsanalysen der Betriebe und Vorräte bestimmt werden. (Anstatt der hyperbolischen Abhängigkeit kann man auch eine parabolische Abhängigkeit nach der Gleichung $K = a_3 + b_3 Z_1 - c_3 Z_1^2$ in Erwägung ziehen, aber bei dieser Ausdrucksweise ist zu beachten, daß die angegebene Gleichung nur bis zu einer gewissen Vorratshöhe Gültigkeit hat.)

Die ausbringbaren Vorräte sind nach der folgenden Beziehung von den geologischen Vorräten abhängig:

$$Z_1 = \frac{Z_0 \cdot v}{100 - z} \qquad (7)$$

Für die allgemeinen Bedingungen bestimmter Rohstoffe kann man jedoch das Ausbringen, die Verunreinigung und in einigen Fällen auch die Ausbeute als konstant annehmen, so daß die Selbstkosten in Abhängigkeit von folgenden Grundkennziffern bestimmt werden:

Geologische Vorräte	Z_0
Mächtigkeit der Lagerstätte	m
Abraumverhältnis (bei Tagebauen und Brüchen)	s
Gehalt des nutzbaren Anteiles der geologischen Vorräte	α_0

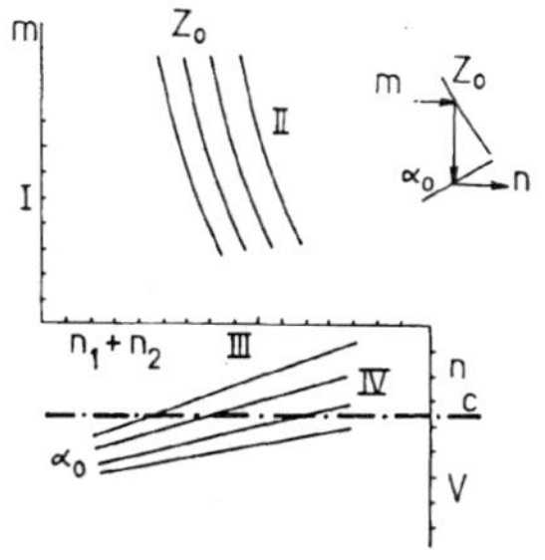

Abb. 1. Schema des Nomogramms

Zwischen den Selbstkosten und den angeführten Kennziffern besteht die Funktionsabhängigkeit:

$$n = f(Z_0, m, s, \alpha_0)$$

so daß man die einzelnen Parameter nicht getrennt bestimmen kann, sondern immer in der gegenseitigen Abhängigkeit sehen muß. Weil die Durchrechnung der Bedingungen nach den angegebenen Gleichungen (1)—(7) sehr langwierig wäre, ist es zweckmäßig, die graphische Berechnungsweise anzuwenden. Das entsprechende Nomogramm wird nach dem in Abb. 1 dargestellten Schema konstruiert.

Die Hilfszwischenskala III (Abb. 1) drückt die Selbstkosten der Gewinnung und der Verarbeitung in Abhängigkeit von der Mächtigkeit der Lagerstätte und in Abhängigkeit von den geologischen Vorräten bei konstanter Verunreinigung und bei konstantem Ausbringen entsprechend den Detailgleichungen (4), (5), (6), (7) aus, wobei die Größe K in den Gleichungen (4) und (5) aus der Gleichung (6) eingesetzt wird. Die Endskala V drückt die Selbstkosten des Konzentrates in Abhängigkeit von den Gewinnungs- und Aufbereitungskosten und vom Metallgehalt der geologischen Vorräte bei konstanter Verunreinigung entsprechend den Detailgleichungen (1), (2), (3) aus.

In das Schema des Nomogramms (Abb. 1) ist ferner als Grenze für die Abbauwürdigkeit der Rohstoffpreis (maximal zulässige Selbstkosten) c eingesetzt. Abbauwürdig sind dann diejenigen Lagerstätten, bei denen die Gleichheit bzw. Ungleichheit

$$n \leqq c$$

erfüllt wird, das sind Werte, die im Nomogramm auf der Geraden c oder unter ihr liegen.

Der Vorteil der graphischen Bestimmung der Bedingungen liegt darin, daß sie das gegenseitige Verhältnis der geologischen, bergbautechnischen, technologischen und ökonomischen Faktoren der Abbauwürdigkeit zum Ausdruck bringt und die Möglichkeit bietet, darauf fußend verschiedene Erwägungen über die Bedingungen anzustellen, unter denen die Lagerstätte abbauwürdig ist.

Am häufigsten ist der Fall, daß für eine bestimmte Vorratsmenge und für eine bestimmte Mächtigkeit der Lagerstätte der minimale Durchschnittsmetallgehalt gesucht wird, bei dem die Lagerstätte abbauwürdig ist. Man kann jedoch auch das umgekehrte Vorgehen wählen, also von einem bestimmten Gehalt an nutzbaren Anteilen ausgehen und ermitteln, welche minimalen Vorräte erforderlich sind, damit bei der gegebenen Mächtigkeit die Lagerstätte abbauwürdig ist. Bei der Verwendung des Nomogrammes ist es gleichgültig, in welcher Richtung man vorgeht, Bedingung ist jedoch, daß von den hier im Nomogramm enthaltenen Veränderlichen drei gegeben sind. Es ist z. B. auch ein solcher Fall möglich, daß man zu ermitteln sucht, wie hoch der Preis des Rohstoffes sein müßte, damit die Lagerstätte bei den vorhandenen Vorräten, bei der gegebenen Mächtigkeit und bei dem gegebenen Gehalt an nutzbaren Anteilen abbauwürdig ist. Selbstverständlich kann man auch ein Nomogramm konstruieren, das noch weitere Parameter enthält.

Als Beispiel sind im Diagramm der Abb. 2 die Kosten für 1 t Konzentrat in Abhängigkeit vom Metallgehalt des Erzes und von der Größe der geologischen Vorräte dargestellt. Im gegebenen Beispiel handelt es sich um ein zweistufiges Aufbereitungsverfahren, so daß die Gewinnung und die Verarbeitung in drei Phasen ablaufen, bei denen folgende Abhängigkeiten gelten, die nach den angegebenen Grundsätzen abgeleitet wurden:

I. Gewinnungsphase

$$n_1 = 38{,}46 + \frac{2347}{K} + \frac{29{,}42}{m}$$

wobei $K = 75{,}3 + 43{,}9\,Z_0 - 0{,}2486\,Z_0^2$ ist (diese Abhängigkeit gilt jedoch nur bis zum Maximalwert $Z_0 = 90\,000$ kt).

II. Vorbehandlungsphase

$$\beta_1 = 1{,}296\,\alpha_1 - 4{,}892$$

Als konstante Werte in dieser Phase wurden erwogen: $\varepsilon_1 = 85\%$, $n_2 = 7$ Kčs.

III. Aufbereitungsphase:

$$\varepsilon_2 = 0{,}4\beta_1 + 70$$

Als konstante Werte wurden in dieser Phase erwogen: $\beta_2 = 85\%$, $n_3 = 110$ Kčs.

Nach dem Einsetzen der angegebenen Werte in die Gleichung (1b) erhalten wir die resultierende Gleichung der Selbstkosten für 1 t Konzentrat in Abhängigkeit von den geologischen Vorräten Z_0, von der Mächtigkeit m und vom Metallgehalt α_1:

$$n = \left[\left(45{,}46 + \frac{2347}{75{,}3 + 43{,}9\,Z_0 - 0{,}2486\,Z_0^2} + \frac{29{,}42}{m}\right) \cdot \left(1{,}525 - \frac{5{,}755}{\alpha_1} + 110\right)\right] \cdot \frac{8500}{0{,}671\,\alpha_1^2 + 85{,}6\,\alpha_1 - 332{,}6}$$

Diese Gleichung bildete die Grundlage für die Konstruktion des Nomogrammes, in dem der Metallgehalt des gewonnenen Erzes α_1 auf den geologischen Metallgehalt α_0 durch das Verhältnis $\alpha_0 : \alpha_1/0{,}9$ übergeführt wurde (s. Abb. 2).

Der Gehalt des nutzbaren Anteils, den eine der Kennziffern der allgemeinen Bedingungen darstellt und mit dem in der Gleichung (1) gerechnet wird, ist der minimale Durchschnittsgehalt der Bilanzvorräte. Außer diesem minimalen Durchschnittsgehalt muß in den Bedingungen noch der Grenzgehalt aller Vorräte bestimmt werden (d. h. der Bilanzvorräte und der nichtbilanzierten Vorräte). Hier muß man sich darüber im klaren sein, daß es eigentlich zwei Grenzgehalte gibt, den Grenzgehalt der Bilanzvorräte und den Grenzgehalt der Gesamtvorräte (auch der nichtbilanzierten Vorräte). Wenn der minimale Durchschnittsgehalt der Bilanzvorräte bestimmt wird, kann man nicht im voraus den Grenzgehalt dieser Vorräte bestimmen, weil dieser vom Durchschnittsgehalt und von der Streuung um den Durchschnitt abhängig ist, der wiederum vom Charakter des Rohstoffes abhängt und erst auf der Basis chemischer Analysen ermittelt werden kann. Dieser Grenzgehalt ist mit dem Durchschnittsgehalt durch eine bestimmte Beziehung verbunden, die sich ebenfalls mathematisch ausdrücken läßt, aber der Charakter dieser Beziehung unterscheidet sich wesentlich vom Charakter der durch die Gleichungen (1)—(7) ausgedrückten Be-

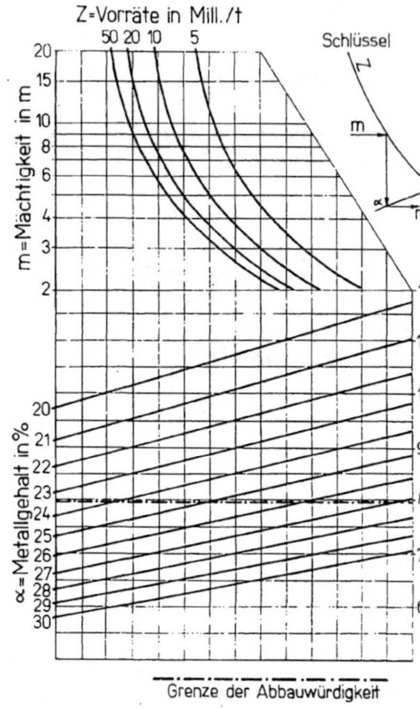

Abb. 2. Diagramm der Grenze der Abbauwürdigkeit

ziehungen. Hier handelt es sich nämlich nicht um Funktionsabhängigkeiten, sondern um stochastische Abhängigkeiten (Wahrscheinlichkeitsabhängigkeiten), für deren Ausdruck statistische Methoden angewandt werden müssen.

Die Beziehung des minimalen Durchschnittsmetallgehaltes und des Grenzmetallgehaltes geht dann aus der Distributionsfunktion der normalen (GAUSSschen) Teilung hervor:

$$\bar{x}_0 = \bar{x}\,\frac{G(z - \sigma)}{G(z)} \qquad (8)$$

wobei $\bar{x}_0$ der minimale Durchschnittsmetallgehalt ist, der auf der Grundlage der genannten Nomogramme ermittelt wird, $\bar{x}$ der Durchschnittsmetallgehalt aller Vorräte, z die maßgebliche Veränderliche des Grenzmetallgehaltes $[z = (\bar{x} - x_0)/\delta]$, wobei ferner δ die maßgebliche Abweichung aller Vorräte ist und $G(z - \delta)$, $G(z)$ die Distributionsfunktion der GAUSSschen Teilung für den Anteil der Werte oberhalb des Grenzmetallgehaltes sind (angegeben in statistischen Tabellen).

Die Beziehung (8) kann man jedoch nur in Fällen verwenden, wo es sich um eine normale bzw. annähernd normale Teilung handelt. Diese Teilung tritt in der Regel bei Rohstoffen mit einer hohen Konzentration des nutzbaren Anteils in Erscheinung. Bei Rohstoffen mit niedriger Konzentration tritt in der Regel die sogenannte log-normale Aufteilung ein. In diesem Falle ist es möglich, diese Aufteilung in eine normale Aufteilung zu transformieren, indem die entsprechenden Charakteristiken nicht aus den ermittelten Werten, sondern aus ihren Logarithmen errechnet werden. Diese Berechnungen sind relativ kompliziert, weil die Werte in den Logarithmen wieder auf die Ursprungswerte übergeführt werden müssen. Für jeden beliebigen Typ der Aufteilung ist es jedoch möglich, die Berechnung des Grenzgehaltes des nutzbaren Anteiles auf der Basis der Aufteilung der Häufigkeit der alternativen Berechnung für k Klassen nach folgender Formel durchzuführen:

$$\bar{x}_0 = \frac{\sum_i^k n_i \chi_i}{\sum_i^k n_i} \qquad (9)$$

wobei die kumulierten Summen der Häufigkeiten n_i und die kumulierten Summen der Produkte der Häufigkeiten und der entsprechenden Metallgehalte $\chi_i n_i$ in Betracht gezogen werden. Ein Beispiel für die Berechnung des Grenzmetallgehaltes (9) ist in der Tabelle angegeben.

Wenn in dem angegebenen Beispiel der minimale durchschnittliche Metallgehalt 0,29 beträgt, dann ist der entsprechende Grenzmetallgehalt 0,20.

Eine weitere Frage ist die, auf welche Einheit dieser Grenzgehalt bezogen werden muß. Bei Lagerstätten mit regelmäßiger Verteilung des nutzbaren Anteils kann das eine einzelne Probe sein, bei Lagerstätten mit variablem Charakter aber wird man den Grenzgehalt auf eine andere Einheit beziehen müssen. Dies kann der gleitende Durchschnitt sein, der aus mehreren hintereinander stehenden Werten nach folgendem Schema errechnet wird:

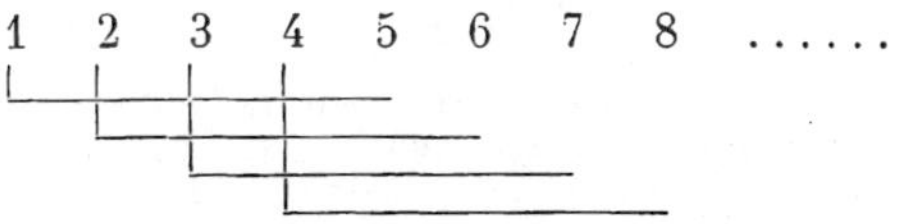

Bei einem Gehalt der einzelnen Proben x_i und bei der Mächtigkeit der Probe m_i wird der gleitende Durchschnitt y_i aus fünf Werten nach folgender Formel errechnet:

$$y_i = \frac{\sum_i^{i+\nu} m_i \chi_i}{\sum_i^{i+\nu} m_i} \qquad (10)$$

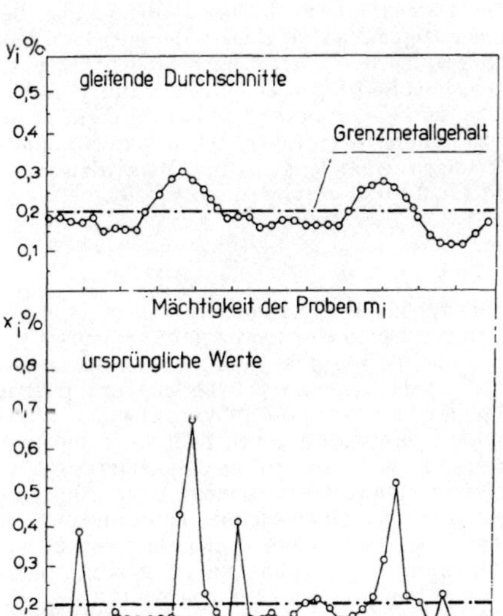

Abb. 3. Diagramm der Ausgleiche mit gleitenden Durchschnitten

Tabelle

Intervall des Metallgehaltes x_i	Häufigkeit n_i	kum. Häufigkeit Σn_i	Produkte $x_i n_i$	kum. Produkte $\Sigma x_i n_i$	Durchschnitt $\bar{x}_0$
über 0,55	1	1	0,562	0,562	0,562
0,50 – 0,54	1	2	0,502	1,064	0,532
0,45 – 0,49	0	2	0,000	1,064	0,532
0,40 – 0,44	3	5	1,265	2,329	0,466
0,35 – 0,39	5	10	1,845	4,174	0,417
0,30 – 0,34	5	10	1,566	5,740	0,383
0,25 – 0,29	14	29	3,792	9,531	0,329
0,20 – 0,24	16	45	3,612	13,143	0,292
0,15 – 0,19	41	86	7,399	20,541	0,239
0,10 – 0,14	6	92	0,779	21,320	0,232

Die in dieser Weise errechneten gleitenden Durchschnitte gleichen die Gehalte der einzelnen Proben in einer bestimmten Kurve aus, deren Schnittpunkt mit dem errechneten Grenzwert die Bilanzlagen des Erkundungsbereiches bestimmt. Ein Beispiel gleitender Durchschnitte ist im Diagramm der Abb. 3 graphisch dargestellt.

Aus dem Dargelegten geht hervor, daß man bei der Bestimmung der allgemeinen Bedingungen der Abbauwürdigkeit den Grenzgehalt der Bilanzvorräte nicht im voraus bestimmen kann, sondern daß man ihn auf der Grundlage von Kenntnissen über die chemische Zusammensetzung des Rohstoffes errechnen muß. Dagegen kann man auf der Grundlage technologischer Prüfungen den Grenzgehalt aller Vorräte vorausbestimmen, d. h. die Gehalte, die sich bei der technologischen Verarbeitung in den Abfällen finden. Der Gesichtspunkt für die Bestimmung dieses Grenzgehaltes aller Vorräte ist ein technologischer Gesichtspunkt, während der Grenzgehalt der Bilanzvorräte vom ökonomischen Gesichtspunkt bestimmt wird.

Bei der Bewertung einer Lagerstätte, die mehrere nutzbare Anteile enthält, sind zwei Verfahren möglich. Entweder wird das gewöhnlich benutzte Verfahren angewandt, wonach die einzelnen nutzbaren Anteile auf den Grundanteil mit Hilfe von Koeffizienten umgerechnet werden, die das Verhältnis der Preise und der Ausbeute an den einzelnen nutzbaren Anteilen ausdrücken. Man kann jedoch auch so verfahren, daß man durch Korrelationsberechnung feststellt, ob eine Abhängigkeit zwischen den Gehalten der einzelnen Anteile existiert. Wenn diese Abhängigkeit durch einen hohen Korrelationskoeffizienten nachgewiesen ist, wird sie mit Hilfe der Gleichung der Regressionskurve ausgedrückt und findet ihren Niederschlag im Rohstoffpreis.

Was die maximal zulässigen Rohstoffkosten betrifft, so obliegt ihre Festsetzung den übergeordneten Wirtschaftsorganen. Diese Kosten können auf der Grundlage folgender Überlegung bestimmt werden: In einer bestimmten Etappe der Entwicklung der Volkswirtschaft wird durch den langfristigen Plan die Ausbringung einer bestimmten Rohstoffart gefordert, d. h., ausreichende

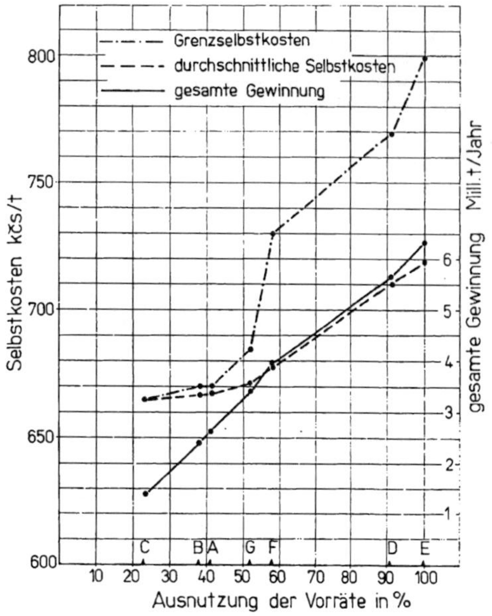

Abb. 4. Diagramm zur Übersicht über die Vorräte, die Gewinnung und die Kosten

Vorräte sollen bei tragbaren Selbstkosten der Gewinnung und Verarbeitung gesichert werden. Deshalb muß man entsprechend den geologisch-bergbaulichen Bedingungen die Selbstkosten der Gewinnung und Verarbeitung der einzelnen Lagerstätten abschätzen, die für einen Abbau in Frage kommen, und anhand dieser Schätzung sind die einzelnen Lagerstätten aufsteigend einzuordnen. Gleichzeitig muß nach der Vorratsmenge der einzelnen Lagerstätten der Jahresumfang der Gewinnung bestimmt werden, dieser Umfang ist fortschreitend zusammenzuzählen, und in analoger Weise ist summenmäßig das Maß der Nutzbarmachung der Vorräte dieses oder jenes Rohstoffes zu bestimmen. Als maximal zulässige Kosten kann man dann die Kosten jener Lagerstätte betrachten, die der Forderung an die Gewinnung noch nachkommt. Das beschriebene Verfahren ist im Diagramm der Abb. 4 graphisch dargestellt.

Im Diagramm der Abb. 4 sind die Lagerstätten A—G aufsteigend nach Selbstkosten der Gewinnung und der Verarbeitung eingeordnet; die Kosten für die einzelnen Lagerstätten sind im Diagramm als Grenzselbstkosten bezeichnet, und zu diesen Kosten ist der Kostendurchschnitt aller vorausgehenden Lagerstätten einschließlich des Grenzfalles errechnet. Gleichzeitig ist im Diagramm die Summenlinie der Gewinnungen eingezeichnet, und auf der waagerechten Skala ist summenmäßig die Ausnutzung der Gesamtvorräte in Prozenten angegeben. Wenn z. B. eine Forderung auf die Gewinnung von vier Millionen Tonnen gestellt wird, dann kann man aus dem Diagramm ablesen, daß diese Forderung von den Lagerstätten C, D, A, G, F erfüllt wird. Die höchsten Kosten weist die Lagerstätte F mit 730 Kčs/t Konzentrat auf, die für uns die maximal zulässigen Kosten als eines der Kriterien für die Bestimmung der Bedingungen darstellen. Die durchschnittlichen Selbstkosten betragen in diesem Falle 678 Kčs/t, und die bekannten Gesamtvorräte werden zu 60% ausgenutzt.

Abschließend muß zu den allgemeinen Bedingungen bemerkt werden, daß sie auf der Grundlage bestimmter Voraussetzungen erarbeitet werden, welche die durchschnittlichen geologischen, bergbautechnischen, technologischen und ökonomischen Bedingungen darstellen. Bei der praktischen Anwendung der allgemeinen Bedingungen müssen die tatsächlichen Verhältnisse berücksichtigt werden, und wenn die Bedingungen in einem bestimmten konkreten Fall von den Durchschnittswerten wesentlich abweichen, dann muß man die allgemeinen Bedingungen dementsprechend abändern bzw. müssen Sonderbedingungen festgelegt werden.

Ferner ist zu berücksichtigen, daß die Verhältnisse, auf deren Grundlage die allgemeinen Bedingungen einmal festgelegt worden sind, der Entwicklung unterliegen und daß jede technische Vervollkommnung in der Gewinnung oder Verarbeitung des Rohstoffes unausweichlich die Bedingungen beeinflußt. Ebenso zeigen sich die Veränderungen in der Perspektivplanung des Rohstoffbedarfs und der Art und Weise seiner Deckung in den Bedingungen. Es wird daher notwendig sein, von Zeit zu Zeit die allgemeinen Bedingungen unter Berücksichtigung der angeführten Gegebenheiten zu überprüfen und die erforderlichen Veränderungen vorzunehmen. Grundsätzlich sollten die allgemeinen Bedingungen der Abbauwürdigkeit für die gleiche Zeit festgesetzt werden, für die auch die staatlichen Preise gültig sind, d. h. in der Regel für die Dauer von fünf Jahren.

Zusammenfassung

Ausgehend von der Forderung, daß die Menge der zur Gewinnung eines Rohstoffes aufgewandten gesellschaftlich notwendigen Arbeit dem Wert proportional sein muß, werden die Faktoren untersucht, von denen die Abbauwürdigkeit einer Lagerstätte abhängt und die den in den Selbstkosten der Förderung und Verarbeitung sich ausdrückenden Aufwand auf der einen Seite und den in den maximal zulässigen Selbstkosten sich ausdrückenden Wert auf der anderen Seite bedingen. Die mathematischen Beziehungen zwischen den Hauptfaktoren werden in Gleichungen formuliert. Die Berechnung nach diesen Gleichungen bei gleitenden gegenseitigen Abhängigkeiten der einzelnen Faktoren wird durch graphische Darstellungen erleichtert, aus deren Kurven sich die Bilanzlagen eines Erkundungsbereichs und die Bereiche und Grenzen der Abbauwürdigkeit ergeben. Auch die Beziehungen zwischen der Abbauwürdigkeit und den Forderungen eines langfristigen Volkswirtschaftsplans werden untersucht und graphisch dargestellt.

Резюме

Исходя из требования, что объем общественного необходимого труда, затраченного на добычу сырья, должен быть пропорциональный стоимости, исследуются факторы, от которых зависит рентабельность разработки месторождения и которые обуславливают затраты, выражающиеся в себестоимости добычи и переработки, с одной стороны, и стоимость, выражающуюся в максимально допустимой себестоимости, с другой стороны. Формулируются математические соотношения между основными факторами в виде уравнений. Вычисление по этим уравнениям при скользящих взаимосвязях отдельных факторов облегчается графиками, из кривых которых получаются балансовые уровни разведочного участка, а также участки и пределы рентабельности эксплоатации. Дальше исследуются связи рентабельности эксплоатации с требованиями долгосрочного народнохозяйственного плана; эти соотношения изображаются в виде графиков.

Summary

Proceeding from the demand that the amount of socially necessary labour expended in getting a raw material must be proportional to its value, the factors are investigated on which the workability of a deposit are depending. Factors conditioning expenses expressed by cost prices of extraction and processing on the one hand, and the value representing itself by maximum cost prices admissible on the other hand, are included in the investigation. Mathematical relations existing between the main factors are formulated in equations. A calculation made in conformity with these equations for sliding interdependences of the particular factors is facilitated by graphic representations, whose curves show the items of balance of a reconnaissance area and the zones and limits of workability. The relations existing between workability and requirements of a long-term national economic plan are also investigated and represented in graphs.

Instruktion zur Anwendung der „Klassifikation der Lagerstättenvorräte fester mineralischer Rohstoffe" auf Lagerstätten der Karbonat- und Sulfatgesteine

1. Instruktion für Karbonat- und Sulfatgesteine vom 25. September 1963

INHALT

1. Die Rohstoffe und ihre Lagerstätten in der DDR

In dieser Instruktion werden die Rohstoffe Kalkstein, Dolomit, Marmor, Kreidekalk und Mergel (Karbonatgesteine) sowie Gips und Anhydrit (Sulfatgesteine) behandelt.

1.1. Karbonat- und Sulfatgesteine sind vorwiegend marine Sedimente chemischer und/oder organischer Entstehung, die in der Regel diagenetisch verfestigt, z. T. auch metamorph verändert worden sind.
Die Bezeichnung der verschiedenen Rohstoffe drückt bereits in mehreren Fällen ihren Hauptgemengeanteil aus. Daneben enthalten sie Beimengungen von SiO_2-, Al_2O_3- u. a. Verbindungen, akzessorisch auch Erzminerale, Bitumina usw.
Nach Genese, Beimengungen, Korngröße und Gefüge werden mehrere Gesteinsvarietäten unterschieden.

1.2. Karbonatgesteine

1.2.1. Kalkstein besteht hauptsächlich aus $CaCO_3$ in Form von Kalkspat, seltener Aragonit. Reine Kalke erreichen fast die theoretische Zusammensetzung des Kalkspats mit 56,04% CaO und 43,96% CO_2. Dolomitische, silikatische und tonige Anteile sind oft beigemengt.
Besondere Erscheinungsformen sind Kreidekalk (in der Ausbildung der Schreibkreide) als schwach verfestigter, reiner und feinkörniger Kalk weißer Farbe, der lockere Kalktuff und verfestigte Travertin. Mischgesteine zwischen Kalk und Dolomit (dolomitischer Kalk — Dolomitkalk — kalkiger Dolomit) treten vielfach in Lagerstätten auf.

1.2.2. Dolomit hat als Hauptgemengteil das Mineral Dolomit — $MgCa(CO_3)_2$. Im reinen Dolomit sind 30,41% CaO, 21,86% MgO und 47,73% CO_2 enthalten. Kalkige, silikatische und tonige Anteile sind häufig.

1.2.3. Marmor ist metamorpher kristallin-körniger Kalk oder Dolomit.

1.2.4. Mergel sind Kalke, Dolomite oder deren Mischgesteine mit wechselndem Gehalt toniger Bestandteile.

1.2.5. Akzessorische Beimengungen in Karbonatgesteinen sind Eisenoxyde, Glaukonite, Sulfate, Sulfide, Glimmer, Bitumina u. a. Auf Fluorit im Dolomit ist besonders zu achten.

1.2.6. Nach Korngröße werden fein- bis grobkörnige, nach Gefüge dichte, porös-zellige, oolithische und erdige Varietäten unterschieden.

1.3. Sulfatgesteine
Die Kalziumsulfatgesteine Gips und Anhydrit sind vorwiegend chemische Sedimente.

1.3.1. Anhydrit besitzt als wesentliches gesteinsbildendes Mineral $CaSO_4$ (Anhydrit) mit 41,2% CaO und 58,8% SO_3.

1.3.2. Gips setzt sich hauptsächlich aus dem gleichnamigen Mineral ($CaSO_4 \cdot 2H_2O$) zusammen und unterscheidet sich chemisch vom Anhydrit durch seinen Kristallwassergehalt. Reiner Gips enthält 32,6% CaO, 46,5% SO_3 und 20,9% H_2O.

1.3.3. Beimengungen im Anhydrit und Gips sind karbonatische, tonige und silikatische Anteile, akzessorisch Eisenoxyde, Bitumina u. a.

1.4. Die Karbonat- und Sulfatgesteine sind wichtige Rohstoffe für die Zement- und Bauindustrie, für die chemische und z. T. für die metallurgische Industrie. Die Anforderungen der Industrie an die chemischen und physikalischen Eigenschaften der Rohstoffe sind für die verschiedenen Verwendungszwecke unterschiedlich. Sie werden in Konditionen, z. T. als Gütevorschriften (TGL, Standards) für den Rohstoff vorgegeben. In anderen Fällen wird die Eignung des betreffenden Rohstoffs für den vorgesehenen Verwendungszweck durch Qualitätsprüfungen nach TGL und Standards der aus ihm angefertigten industriellen Erzeugnisse festgestellt.

1.4.1. Kalkstein ist der wichtigste Rohstoff für die Zementindustrie (die anderen Komponenten sind Ton und evtl. Quarzsand). Wenn Mergel die Karbonat-, Ton- und Sandkomponente im erforderlichen Verhältnis besitzen, können sie in ihrer natürlichen Erscheinungsform für die Zementproduktion genutzt werden. Die Gehalte an MgO und SO_3 müssen für diesen Verwendungszweck möglichst gering sein.

1.4.2. Kalkstein und Dolomit werden in der metallurgischen Industrie als Flußmittel verwendet. Reiner Dolomit ist als Sinterdolomit ein wichtiger feuerfester Rohstoff. Dabei sind minimale Schwefel- und Phosphorgehalte zulässig.

1.4.3. Kalkstein, Dolomit, Marmor und Mergel werden in der Kalkindustrie zu Branntkalk (Luftkalk — hydraulischer Kalk) verarbeitet, der bei unterschiedlichen Anforderungen in der Bauindustrie als Bindemittel verwendet wird.
Die genannten Rohstoffe werden außerdem, gebrannt oder roh (gemahlen), als Düngemittel verwendet.

1.4.4. Kalkstein ist ferner ein wichtiger Rohstoff für die chemische Industrie zur Herstellung von Kalziumkarbid, Soda u. a., für die pharmazeutische und kosmetische Industrie sowie die Zucker- und Farbenindustrie.

Kalk und Dolomit werden in der Wasserwirtschaft zur Reinigung des Wassers verwendet, reine Kalke und Dolomite als Rohstoffe bei der Glasherstellung[1]) und als Versatz in der feinkeramischen Industrie. Außerdem dienen Kalksteine als Werk- und Ornamentsteine für bauliche und künstlerische Zwecke[2]).

1.4.5. Kreidekalk wird aufbereitet als Schlämmkreide in verschiedenen Industriezweigen verwendet (Farben-, Glas-, Gummi-, keramische, pharmazeutische, kosmetische Industrie u. a.). Dafür werden hoher Gehalt an $CaCO_3$, hoher Feinkornanteil und Reinheitsgrad (ohne Fe- und Mn-Verbindungen, sulfatische und chloridische Beimengungen) gefordert.

1.4.6. Gips mit geringen Verunreinigungen (1—2%) wird gebrannt als Modell-, Form- und Stuckgips sowie für medizinische Zwecke verwendet, mit größeren Verunreinigungen (9—10%) als Baugips (Putz- und Estrichgips) oder als Düngemittel, ungebrannt als Zuschlag für Zement zur Regelung der Abbindezeit.

1.4.7. Anhydrit dient in der chemischen Industrie zur Herstellung von Schwefelsäure und Portlandzement, in der Baustoffindustrie zur Herstellung von Anhydritbindern.

1.5. Karbonatgesteine sind fast in allen geologischen Formationen verbreitet, Sulfatgesteine dagegen weniger häufig. In der DDR haben Karbonatgesteine lagerstättenbildenden Charakter in der Kreide (Kalkmergel und Kreidekalk), im Muschelkalk (Schaum- und Wellenkalk), im Zechstein (Dolomit) sowie im Altpaläozoikum mit seinen z. T. metamorphen Kalken und Dolomiten. Die Sulfatgesteinslagerstätten sind vorwiegend auf den Zechstein beschränkt.

1.6. Die Lagerstättentypen

Die in der DDR vorhandenen Lagerstätten der Karbonat- und Sulfatgesteine lassen sich nach Größe, Form, Struktur und stofflicher Zusammensetzung in mehrere Typen gliedern, zu deren Untersuchung unterschiedlicher Aufwand erforderlich ist und bei deren Vorratsberechnung spezifische Voraussetzungen erfüllt sein müssen.

1.6.1. Lagerstättentyp I

Großflächige Lagerstätten regelmäßiger Form und ungestörter Lagerung, die in Mächtigkeit und stofflicher Zusammensetzung des Rohstoffes keine wesentlichen Unterschiede aufweisen.

1.6.2. Lagerstättentyp II

Kleine ungestörte Lagerstätten, die in Form, Mächtigkeit und stofflicher Zusammensetzung keine wesentlichen Unterschiede bzw. Erschwernisse für Abbau und Verarbeitung des Rohstoffes aufweisen. Ferner Lagerstätten des Typs I mit Auswaschungen, geringen Deformationen der Schichten durch tektonische bzw. atektonische Erscheinungen (Verkarstung), größere Mächtigkeitsschwankungen sowie wechselhafter stofflicher Zusammensetzung des Rohstoffes.

1.6.3. Lagerstättentyp III

Großflächige und kleine Lagerstätten unregelmäßiger Form, mit bedeutenden Veränderungen auf kurze Entfernungen in Mächtigkeit, Lagerung und stofflicher Zusammensetzung des Rohstoffes.

1.6.4. Teile einer großen Lagerstätte können zu verschiedenen Lagerstättentypen gehören. Die Zuordnung einer Lagerstätte oder ihres Teiles zu einem bestimmten Lagerstättentyp muß begründet werden.

2. Die Untersuchung der Rohstoffe und der Lagerstätten

Die durchgeführten Untersuchungen können nur dann als ausreichend angesehen werden, wenn zuverlässige Angaben über die Menge, die Qualität des Rohstoffs, die hydrogeologischen sowie bergtechnischen Verhältnisse vorliegen, d. h., wenn auf der Grundlage der Untersuchungsergebnisse eine einwandfreie Vorratsberechnung und industrielle Einschätzung der Lagerstätte möglich ist. Die Erfüllung dieser Forderung wird am Untersuchungsgrad der Lagerstätte gemessen, der sich aus Erkundungs- und Erforschungsgrad zusammensetzt.

Tabelle 1. Richtwerte für Abstände der Erkundungsaufschlüsse in Lagerstätten von Karbonat- und Sulfatgesteinen (für quadratisches Erkundungsnetz)

Lagerstättentyp	Abstände in m für Vorräte der Klassen			
	A	B	C_1	C_2
I	100—200	200—400	400—600	800
II	50	100	200	400
III	25	50	100	200

2.1. Der Erkundungsgrad

Zum Erkundungsgrad gehören: die Art der durchgeführten Erkundungsarbeiten, ihr spezifischer Umfang und ihr Gesamtumfang, ihre Verteilung auf der Lagerstätte und die Qualität ihrer Durchführung; die Zuverlässigkeit der Lagerstättenumgrenzung (horizontal und vertikal), die Entnahme von Untersuchungsmaterial für die Ermittlung der Qualität des anstehenden Rohstoffs und für technologische Versuche; ferner die exakte Dokumentation aller dieser Arbeiten.

2.1.1. Zur Erkundung von Lagerstätten der Karbonat- und Sulfatgesteine werden hauptsächlich Bohrungen (Kernbohrungen) niedergebracht; durch Schürfe können die Abraumverhältnisse untersucht werden; bergmännische Arbeiten unter Tage werden selten durchgeführt.

2.1.1.1. Bei Kernbohrungen ist in der Regel im nutzbaren Rohstoff, ein Mindestkerngewinn von 80% erforderlich. Die Grenzen zum Nebengestein sowie zu Fremdeinschlüssen müssen eindeutig bestimmt sein (u. U. durch geophysikalische Messungen u. ä.). Andere Bohrverfahren, bei denen z. B. statt des Kernes das Bohrmehl gewonnen wird, sind zulässig, wenn durch Vergleiche mit Kernbohr- und Abbauergebnissen usw. die Exaktheit der erhaltenen Ergebnisse bewiesen wird.

2.1.1.2. Die Abstände der Erkundungsaufschlüsse sind vom Lagerstättentyp abhängig. Sie können nicht für jeden konkreten Fall vorgeschrieben, sondern müssen vom Erkundungsgeologen ermittelt werden. Die in Tab. 1 angegebenen Richtwerte stützen sich auf die praktischen Erfahrungen in der DDR und unterstellen durchschnittliche Lagerstättenverhältnisse des betreffenden Typs; Übergänge von einem Typ zum andern und Abweichungen vom Durchschnitt werden in der Praxis häufig angetroffen. Der Erkundungsgeologe ist daher verpflichtet, die Richtigkeit der von ihm gewählten Erkundungsabstände (auch bei Übernahme der Richtwerte) zu begründen.

2.1.1.3. Die Erkundungsaufschlüsse müssen bis ins Liegende des in die Berechnung eingehenden Rohstoffkörpers gestoßen werden.

Eine Ausnahme ist dann gestattet, wenn das Liegende gespanntes Wasser führt oder die unteren Partien des Rohstoffkörpers wegen Qualitätsverschlechterung oder zu großer Teufe für den Abbau nicht vorgesehen sind. In diesen Fällen ist das Liegende bzw. der Liegendteil des Rohstoffkörpers durch Einzelaufschlüsse im notwendigen Umfang zu untersuchen.

2.1.1.4. Der Enddurchmesser der Bohrungen muß eine ausreichende und einwandfreie Probenahme ermöglichen.

2.1.2. Zur Bemusterung gehören folgende Arbeitsprozesse: Probenahme, Probenvorbereitung, Probenuntersuchung und Kontrolle.

[1]) Auch Mischgesteine beider Rohstoffe sind bei konstantem Verhältnis CaO:MgO für die Glasindustrie brauchbar.

[2]) Die Verwendung als Naturstein verlangt spezielle Untersuchungen. Sie wird hier ausgegliedert und in der Instruktion für Naturstein behandelt. Dasgleiche gilt für die anderen Karbonat- und Sulfatgesteine bei entsprechendem Verwendungszweck, z. B. für Dolomit, Marmor, Travertin, Alabaster.

Tabelle 2. Die wichtigsten Untersuchungen von Karbonat- und Sulfatgesteinen

Rohstoff und Verwendungszweck	Chemische Analyse	Titration	Petrogr. Analyse	Kristall-wasser	Spezial-prüfungen*)
Kalkstein					
Zementindustrie	++	++			++
chem. Industrie	++	++	+		++
metallurg. Industrie	++	++	+		++
Schlämmkreide	++	++			++
Dolomit					
Sinterdolomit	++		+		++
Kalkstein u. Dolomit					
Glasindustrie	++	++	+		+
Bau- u. Bindemittelindustrie	++	++			+
Düngemittel	++	++			+
Gips					
Modell-, Form-, Stuckgips u. für medizin. Zwecke	++		+	++	+
Baugips u. Düngemittel	++			++	+
Zementindustrie	++			++	+
Anhydrit					
Schwefelsäureproduktion	++			++	+
Zementindustrie	++				+
Bauindustrie	++				+

++ = notwendige Prüfungen   + = empfehlenswerte Prüfungen

*) Spezialprüfungen sind vorwiegend technologisch-physikalische Prüfungen, z. B.
a) Festigkeitsprüfungen nach verschiedenen Abbindezeiten für Zement und Gips,
b) Prüfungen des Weißgehaltes, des Kornaufbaues und der spezif. Oberfläche für Schlämmkreide,
c) Sinterungsverhalten bei bestimmten Temperaturen für Sinterdolomit (möglichst Großversuch),
d) Stückigkeit des Zuschlagkalkes für metallurgische Industrie.
e) Prüfung des Einschmelzverhaltens von Kalkstein und Dolomit im Glasgemenge durch Produktionsversuch.

Rohstoffdichte und (falls erforderlich) Bergfeuchte der Rohstoffe sind nach den bekannten Methoden zu bestimmen.

2.1.2.1. Wenn nicht das Material aus allen Erkundungsaufschlüssen untersucht wird, ist bei der Probenahme darauf zu achten, daß einerseits die Zahl der untersuchten Bohrkerne der Ausdehnung der Lagerstätte entspricht, anderseits die Proben möglichst gleichmäßig über die Lagerstätte verteilt sind und alle Rohstoffqualitäten und Schichten erfassen, die bei einer späteren Nutzung abgebaut werden.

2.1.2.2. Das Material aus einem Erkundungsaufschluß dient in der Regel für mehrere Proben (Einzelproben). Die Probenintervalle sind abhängig von der wechselnden Qualität des Rohstoffs und der Abbautechnologie; sie können allgemein nicht vorgeschrieben werden und sind vom Geologen nach Rücksprache mit dem Auftraggeber oder zukünftigen Gewinnungsbetrieb (Projektanten u. a.) festzulegen.

2.1.2.3. Die Vereinigung aller Proben aus einem Aufschluß (Mischprobe) zur Untersuchung ist dann gestattet, wenn die vorgesehene Abbau- und Verarbeitungstechnologie keine spezifischen Angaben benötigt und ein im wesentlichen einheitlicher Rohstoff vorliegt. Diese Mischproben können nur in besonders zu begründenden, von geologischen und technologischen Verhältnissen abhängigen Fällen mit Proben aus anderen Erkundungsaufschlüssen zu Gruppenproben zusammengefaßt werden (z. B. für einen Produktionsversuch).

2.1.2.4. Die Art der Probenahme entspricht den üblichen Vorschriften (Kernspaltung, Schlitzprobe usw.). Sie wird auf die durchzuführenden Untersuchungen (zu lösenden Aufgaben) abgestimmt.
Bei der Probenvorbereitung (Brechen, Vierteln, Mischen, Mahlen usw.) ist Sorge zu tragen, daß die zur Analyse entnommene Menge in ihrer Zusammensetzung einwandfrei die Eigenschaften der von ihr vertretenen Gesteinspartien repräsentiert.

2.1.2.5. Die Probenahme hat durch den Erkundungsgeologen bzw. nach dessen Anweisung durch einen Vertreter zu erfolgen.

2.1.2.6. Die Probemenge wird durch die Art der Untersuchung bestimmt. Für Laboruntersuchungen genügen im allgemeinen wenige kg Material. Wird dagegen unter Werksbedingungen ein Produktionsversuch gefahren, sind größere Mengen Rohmaterial erforderlich, die entweder aus anteiligen Mischproben benachbarter Erkundungsaufschlüsse oder durch Abteufen von Schurfschächten bzw. durch Bohrungen mit großem Durchmesser gewonnen werden können.

2.2. Der Erforschungsgrad

Zum Erforschungsgrad gehören Untersuchungen der Rohstoffqualität (chemische, mineralogische u. a.), der verarbeitungstechnologischen Eigenschaften, der bergtechnischen Verhältnisse, die geologische Analyse aller Erkundungsdaten und die Erforschung der Lagerstättengenese.

2.2.1. Die Rohstoffuntersuchung hat das Ziel, die stoffliche Zusammensetzung und die physikalischen Eigenschaften des anstehenden Materials sowie die Verteilung der festgestellten Qualitäten in der Lagerstätte zu ermitteln. In jedem konkreten Fall muß das Untersuchungsprogramm mindestens auf die vorgesehene Verwendung des Rohstoffs ausgerichtet und auf die für bestimmte Erzeugnisse schädlichen Beimengungen (z. B. MgO- und SO_3-Gehalte bei Kalken für die Zementherstellung, HCl-Unlösliches bei allen Karbonat- und Sulfatgesteinen) geachtet werden.

2.2.1.1. Ist die zukünftige Verwendung noch unbekannt, müssen vielseitige Untersuchungen des Rohstoffs (Grundprüfungen oder auch Spezialprüfungen; vgl. hierzu Tab. 2) durchgeführt werden, um die zweckmäßigste Verwendung zu ermitteln (die Ergebnisse der Grundprüfungen engen bereits die Verwendungsmöglichkeiten der Rohstoffe ein).

2.2.1.2. Die Untersuchungen von Kalkstein für die Zementproduktion sind, soweit im Rohstoff die hydraulischen Komponenten SiO_2, Al_2O_3 und Fe_2O_3 nicht in genügenden Anteilen vorhanden sind, mit den Untersuchungen von tonigen und sandigen Gesteinen zu koppeln. Nach den von der Industrie geforderten Kennziffern des Kalkstandards, des Silikat- und Tonerdemoduls ist das Mischungsverhältnis Kalk:Ton:Sand für das Zementrohmehl und den Zementklinker zu errechnen.

2.2.1.3. Für die Durchführung von Kontrollanalysen sind die Richtlinien der ZVK maßgebend. Die kontrollierten Ergebnisse sind dann eindeutig und für die Vorratsberechnung brauchbar, wenn z. B. die Untersuchungsergebnisse des Werkes und der Spezialinstitute keine für den Verwendungszweck wesentlichen Abweichungen aufweisen.

2.2.1.4. Dienen die der ZVK zur Bestätigung eingereichten Vorratsberechnungen als Grundlage für die Projektierung eines neuen oder die Rekonstruktion eines bestehenden Werkes, sind nötigenfalls, besonders bei erstmalig erkundeten neuen Lagerstätten, Produktionsversuche nach der vorgesehenen Technologie zu fahren.

2.2.2. Die Klärung der abbautechnischen Verhältnisse

Alle Faktoren, die den zukünftigen Abbau der Vorräte beeinflussen, müssen so weit geklärt sein, daß ein Abbauprojekt ausgearbeitet werden kann. Dabei sind vor allem die Möglichkeit (oder Unmöglichkeit) eines Tagebergbaus, die zu erwartenden Wasserzuflüsse, die Standfestigkeit der Gesteine u. ä. zu überprüfen. Hinweise auf die günstigste Lage der Grubenaufschlüsse, Strossen usw. sind wertvoll.

2.2.2.1. Vorratsberechnungen, in denen die hydrogeologischen Verhältnisse nicht ausreichend beschrieben sind, können nicht bestätigt werden. Wurden während der Erkundung keine Pumpversuche durchgeführt, ist zumindest das Auftreten wasserführender Horizonte im Abraum oder im Rohstoff, in Zwischenmitteln des Rohstoffkörpers und im Liegenden zu registrieren, wenn möglich, der Chemismus des Wassers festzustellen. In diesem Zusammenhang sind Hinweise auf Karsterscheinungen und die Möglichkeit von Liegenddurchbrüchen für die spätere Abbauführung von großer Bedeutung.
Sind die hydrogeologischen Verhältnisse aus unmittelbar benachbarten Grubenaufschlüssen hinreichend bekannt, kann auf Spezialuntersuchungen weitgehend verzichtet werden.

2.2.2.2. Ist untertägige Gewinnung des Rohstoffs vorgesehen, sind die in den Richtlinien der ZVK vom 4. 5. 1961 geforderten montantechnischen Unterlagen beizubringen und die Untersuchungen möglichst in Abstimmung mit dem zuständigen Projektierungsbüro auszurichten.

3. Die Einstufung der Vorräte in die Vorratsgruppen und -klassen

Die Bestimmungen der „Klassifikation der Lagerstättenvorräte fester mineralischer Rohstoffe" vom 31. 1. 1962 sind auf Vorräte von Karbonat- und Sulfatgesteinen wie folgt anzuwenden:

3.1. Die Vorratsgruppen

Die Zuordnung der Vorräte zu den einzelnen Vorratsgruppen erfolgt auf Grund bestätigter Konditionen, die alle zur Beurteilung des Rohstoffs, seiner Gewinnung und Verarbeitung erforderlichen Kennziffern enthalten müssen (in der Regel: Qualitätsansprüche, Mindestmächtigkeit des Rohstoffs, Verhältnis von Abraum zu Nutzbarem, Maximalmächtigkeit des Abraums, maximale Abbauteufe und Spezialforderungen).
Diese von der SPK bzw. dem von ihr beauftragten Organ bestätigten Konditionen sind abschriftlich der Vorratsberechnung beizulegen.

3.1.1. Vorräte, die die Konditionen erfüllen, sind Bilanzvorräte.

3.1.2. Vorräte, die die Konditionen derzeit nicht erfüllen, jedoch in Zukunft bei vorauszusehender technischer Entwicklung vermutlich Bilanzcharakter erhalten können, sind Außerbilanzvorräte.

3.1.3. Anstehende Rohstoffmengen, die auch in Zukunft wegen geringer Menge, schlechter Qualität oder anderer Ursachen eindeutig nicht gewonnen werden können, sind nicht zu berechnen.

3.1.4. Prognostische Vorräte werden für größere nichterkundete Flächen im Anschluß an erkundete Lagerstätten (wenn das Aushalten des Rohstoffkörpers und seiner Qualitäten vorausgesagt werden kann) und für größere geologische Einheiten berechnet. Wenn diese Gebiete allgemein-geologisch so weit bekannt sind, daß die prognostischen Vorräte mit Hilfe der Methode der Analogie berechnet werden können und der betreffende Rohstoff mindestens in einem Punkte nachgewiesen wurde, gehören solche Vorräte zur Untergruppe Delta-1. Treffen diese Voraussetzungen nicht zu, müssen berechnete prognostische Vorräte in die Untergruppe Delta-2 eingestuft werden.

3.2. Die Vorratsklassen

In Übereinstimmung mit der „Klassifikation der Lagerstättenvorräte fester mineralischer Rohstoffe" müssen für Vorräte an Karbonat- und Sulfatgesteinen nachstehende Forderungen erfüllt sein, wobei vorausgesetzt wird, daß die Erkundungsergebnisse lückenlos ausgewertet wurden.

3.2.1. Klasse A (a)

3.2.1.1. Der Berechnungsblock wurde in für Klasse A ausreichenden Abständen, d. h. entsprechend den Richtwerten der Tab. 1 oder für die konkreten Verhältnisse als optimal ermittelten Abständen erkundet und der Rohstoff entsprechend untersucht.

3.2.1.2. Innerhalb der Berechnungsgrenzen (für Bilanzvorräte) wurden nur den Konditionen entsprechende Verhältnisse angetroffen.

3.2.1.3. Der geologische Bau, die Parallelisierung der Schichten, der petrographisch-lithologische Charakter der Gesteine sind bekannt.

3.2.1.4. Nach den Untersuchungsergebnissen sind wesentliche Veränderungen der festgestellten Qualität, z. B. Erhöhung der Verunreinigungen und anderer schädlicher Komponenten, nicht zu erwarten.

3.2.1.5. Die Hydrogeologie und die bergtechnischen Verhältnisse sind geklärt.

3.2.2. Klasse B (b)

3.2.2.1. Der Berechnungsblock wurde in gemäß Tab. 1 oder als optimal für die Lagerstätte ermittelten Abständen erkundet und der Rohstoff entsprechend untersucht.

3.2.2.2. Der geologische Bau und der petrographisch-lithologische Charakter der Gesteine ist — abgesehen von unbedeutenden Details — bekannt. Die Parallelisierung der Schichten ist geklärt.

3.2.2.3. Die Rohstoffuntersuchungen gestatten eine eindeutige Beurteilung des Rohstoffs. Stärker mit schädlichen Komponenten des Rohstoffs durchsetzte oder nicht den Konditionen entsprechende Bereiche wurden mit ausreichender Sicherheit abgegrenzt.

3.2.2.4. Die Lagerungsverhältnisse und bergtechnischen Faktoren sind so weit geklärt, daß beim Abbau mit Überraschungen nicht zu rechnen ist.

3.2.3. Klasse C_1 (c_1)

3.2.3.1. Der Berechnungsblock wurde in für Klasse C_1 ausreichenden Abständen erkundet und der Rohstoff entsprechend untersucht.

3.2.3.2. Der geologische Bau und der petrographisch-lithologische Charakter der Gesteine wurde in den Grundzügen, die Parallelisierung der Schichten im Rohstoffkörper — außer Einzelheiten — geklärt.

3.2.3.3. Die Mächtigkeiten und Qualitäten des Rohstoffs wurden mit ausreichender Zuverlässigkeit ermittelt, die den Abbau (Hydrogeologie u. a.) und die Technologie der Verarbeitung beeinflussenden Faktoren in ihren Hauptzügen geklärt.

3.2.3.4. Vorräte dieser Klasse können in Übereinstimmung mit § 8.2. der Klassifikation bei entsprechenden geologischen Verhältnissen im Anschluß an Vorratsblöcke der Klassen A und B extrapoliert werden. Sie liegen in diesem Falle zwischen dem inneren und äußeren Umriß der Lagerstätte.

3.2.3.5. Der äußere Umriß wird je nach den Ergebnissen der auf dem inneren Umriß liegenden Erkundungsaufschlüsse durch Profilkonstruktion oder andere Methoden der Extrapolation gezogen. Bei formalen Entscheidungen darf ein halber Erkundungsabstand für Klasse C_1 nicht überschritten werden.

3.2.3.6. Werden an erkundete Vorräte der Klasse C_1 im inneren Umriß bei günstiger geologischer Situation keine Vorräte der Klasse C_2 (s. Pkt. 3. 2. 4. 5.) extrapoliert, kann in den berechneten C_1-Block ein extrapolierter Grenzstreifen einbezogen werden. Seine Breite darf einen halben Erkundungsabstand für Klasse C_1 bei formalen Entscheidungen nicht überschreiten.

3.2.3.7. Liegen Sicherheitspfeiler, natürliche Lagerstättengrenzen usw. in Entfernungen vom inneren Umriß, die geringer als ein Erkundungsabstand von C_1 sind, kann der extrapolierte Grenzstreifen in Abweichung von den Punkten 3.2.3.5. und 3.2.3.6. bei entsprechenden geologischen Voraussetzungen bis zu diesen erweitert werden.

3.2.3.8. Fehlende Extrapolation ist in jedem Falle zu begründen.

3.2.4. Klasse C_2 (c_2)

3.2.4.1. Der Berechnungsblock wurde in für Klasse C_2 ausreichenden Abständen erkundet und der Rohstoff in Einzelpunkten untersucht.

3.2.4.2. Der geologische Bau, der petrographisch-lithologische Charakter der Gesteine und die Parallelisierung der Schichten sind in den Grundzügen geklärt.

3.2.4.3. Mächtigkeiten und Qualitäten des Materials wurden mit ausreichender Zuverlässigkeit ermittelt, die Möglichkeiten des Abbaues und der Verarbeitung rufen keine Zweifel hervor.

3.2.4.4. Schließen die nachgewiesenen Vorräte an untersuchte Lagerstättenteile an, können die Qualitäten und technologischen Eigenschaften des Rohstoffs in Analogie zu diesen angenommen werden. Handelt es sich um Vorräte neuerkundeter Lagerstätten, müssen die Rohstoffparameter durch Untersuchung repräsentativer Proben bestimmt werden.

3.2.4.5. Im Anschluß an Vorräte höherer Klassen können Vorräte der Klasse C_2 in Übereinstimmung mit § 8. 2. der Klassifikation extrapoliert werden, bei formalen Entscheidungen maximal bis zum halben Erkundungsabstand für C_2.

3.2.4.6. Werden nur Vorräte der Klasse C_2 nachgewiesen, kann bei günstigen geologischen Verhältnissen über den inneren Lagerstättenumriß hinaus ein Grenzstreifen in die gleiche Klasse einbezogen werden. Bei formalen Entscheidungen darf ein halber Erkundungsabstand für C_2 nicht überschritten werden.

3.2.4.7. Liegen Sicherheitspfeiler, natürliche Lagerstättengrenzen usw. in Entfernungen vom inneren Umriß, die geringer als ein Erkundungsabstand von C_2 sind, kann der extrapolierte Grenzstreifen in Abweichung von den Punkten 3.2.4.5. und 3.2.4.6. bei entsprechenden geologischen Voraussetzungen bis zu diesen erweitert werden.

3.2.4.8. Fehlende Extrapolation ist in jedem Falle zu begründen.

4. Allgemeine Berechnungs- und Bilanzierungsgrundsätze

4.1. Die Vorräte sind nach industriellen Sorten getrennt zu berechnen und zu bilanzieren.

4.1.1. Setzt sich die Lagerstätte aus verschiedenen, voneinander isolierten Schichten des gleichen Rohstoffs zusammen, sind die einzelnen Rohstoffkörper getrennt zu bemustern und zu berechnen.
Ist bei raschem Wechsel der Rohstoffsorten (z. B. Kalke mit unterschiedlichem Dolomitanteil oder unterschiedlichem Verunreinigungsgrad) eine getrennte Vorratsberechnung nicht möglich, sind die Anteile der Rohstoffsorten zur Orientierung in geschätzten Prozenten anzugeben.

4.1.2. Setzt sich eine Lagerstätte aus verschiedenen Rohstoffsorten zusammen und ist ihr Abbau nur gemeinsam möglich, muß das zulässige Mischungsverhältnis geklärt und durch die Bemusterung festgestellt werden, ob die berechneten Vorräte als Ganzes und die geplante Abbauführung laufend eine solche Mischung gewährleisten. Wenn das nicht zutrifft, ist auf diesen Umstand zu verweisen und sind entsprechende Vorschläge für die Nutzung der Lagerstätte zu machen.

4.1.3. Sind im Rohstoff wertvolle Begleitkomponenten enthalten, sind deren Vorräte zu berechnen.

4.2. Werden bei der Erkundung neben dem gesuchten Rohstoff, der Ziel der Untersuchung ist, im Deckgebirge oder Liegenden andere nutzbare Rohstoffe, z. B. wertvolle Sande, Kiese und Tone, festgestellt, sind auch diese zu untersuchen und deren Vorratsberechnungen der ZVK einzureichen.

4.3. Vorräte in sog. ewigen Sicherheitspfeilern werden berechnet, aber nicht bilanziert. Die entsprechende Verfügung zur Anlegung der Sicherheitspfeiler ist der Vorratsberechnung abschriftlich beizulegen.
Vorräte in befristeten Sicherheitspfeilern sind in ihrer Klasse gesondert zu berechnen und zu bilanzieren.

4.4. Abbauverluste werden gemäß § 6.2. der Klassifikation nicht berücksichtigt.

4.5. Vorräte in abseits gelegenen Lagerstättenteilen sind ökonomisch einzuschätzen und nach dem Ergebnis dieser Einschätzung in Bilanz- oder Außerbilanzvorräte einzustufen bzw. als Verlust abzuschreiben (vgl. 3.1.1.—3.1.3.).

4.6. Wiederholte Extrapolation ist unzulässig.
Extrapolation nach der Tiefe ist zulässig, wenn einzelne tiefere Bohrungen das Aushalten des Rohstoffkörpers aufzeigen und dessen Gewinnung möglich ist.

4.7. Die Vorräte an Karbonat- und Sulfatgesteinen werden bei exakter Bestimmung der Rohstoffdichte in Gewichtseinheiten (Maßeinheiten) je nach Größe der Vorräte in kt oder Mt berechnet.

4.8. Von den in den Richtlinien der ZVK geforderten Unterlagen sind der Vorratsberechnung beizugeben:
Berechnungsrisse und -karten im Maßstab 1:5000 und größer für die Klassen A bis C_1,
für Vorratsklasse C_2 i. M. 1:10000 und größer bei großflächigen Lagerstätten,
charakteristische Schnitte mit qualitativer Kennzeichnung des Rohstoffs, angegebenen bemusterten Bohrstrecken, Wasserstände, Lagerstättengrenzen usw.,
Analysenberichte, graphische Darstellungen chemischer Kennziffern, Prüfzeugnisse und Abschrift der bestätigten Konditionen, Berechnungstabellen der Durchschnittsmächtigkeiten und -qualitäten, Schichtenverzeichnisse bzw. ausführliche Bohrtabellen oder Säulenprofile.
Die Vorratsrisse haben, möglichst auf einem Riß, auszuweisen: Mächtigkeiten des Abraums, des Rohstoffs und nichtverwertbarer Zwischenmittel für jeden Erkundungsaufschluß, Markierung der bemusterten Erkundungsaufschlüsse, Lage der Schnitte, Lagerstättenbegrenzung, Teilblöcke und Vorratsklassen.

4.9. Gemäß den Richtlinien der ZVK über Form und Inhalt von Vorratsberechnungen ist eine industrielle Einschätzung der erkundeten Vorräte mit allen notwendigen Kennziffern zu geben:
vorgesehene oder optimale Jahresförderung und Lebensdauer des Werkes, Umfang der vorgesehenen Direkt- und Nachfolgeinvestitionen, Amortisationszeit, geplante Selbstkosten je Förder- oder Produktionseinheit im Vergleich mit analogen Betrieben oder dem Durchschnitt des betreffenden Industriezweiges. Diese Kennziffern sind nötigenfalls vom Werk oder Projektierungsbüro bzw. Bezirk oder von der VVB einzuholen.

5. Die volkswirtschaftliche Bedeutung der Vorräte

5.1. Die im Abschnitt V der Vorratsklassifikation fester mineralischer Rohstoffe formulierte volkswirtschaftliche Bedeutung der einzelnen Vorratsklassen und ihrer Gesamtheit wird für die Lagerstätten von Karbonat- und Sulfatgesteinen durch Instruktionen und Weisungen der Staatlichen Plankommission präzisiert.

5.2. Für Entscheidungen, die durch solche Weisungen nicht berührt werden, sind die entsprechenden Festlegungen der Vorratsklassifikation maßgebend.

6. Anhang

6.1. Richtlinien zur Erkundung und Vorratsberechnung

2. Klassifikation der Lagerstättenvorräte fester mineralischer Rohstoffe der DDR vom 31. 1. 1962. — Zeitschrift f. angew. Geologie, H. 9, 1962.
Vorläufige Arbeitsanweisung der Staatlichen Geologischen Kommission zur Kernentnahme und Kernbehandlung bei geologischen Erkundungsbohrungen. — Zeitschrift f. angew. Geologie, H. 11/12, 1956.
Vorläufige Richtlinien für die organisatorische Durchführung und die Kontrolle chemisch-analytischer Arbeiten. — Zeitschrift f. angew. Geologie, H. 3, 1959.
Richtlinien der ZVK über Form und Inhalt von Vorratsberechnungen vom 4. Mai 1961. — Zeitschrift f. angew. Geologie, H. 9, 1961.

6.2. TGL der Industrie für Karbonat- und Sulfatgesteine
(soweit für den Erkundungsgeologen wichtig)

TGL 3330 Bl. 1 Industriekalk (Prüfung)
TGL 3330 Bl. 2 Industriekalk (Kalkstein)

TGL 3330 Bl. 3	Industriekalk (gebrannter Kalk)
TGL 3333–56	Kalkdüngemittel (Entwurf)
TGL 4540	Dolomitisches Filtermaterial zur Wasseraufbereitung
TGL 9897	Kalk für die metallurgische Industrie
TGL 6088	Dolomite für metallurgische Zwecke
TGL 7058	Baukalk
TGL 8036	Zemente, allgemeine Bedingungen
TGL 9271	Portlandzement
TGL 4258	Sulfathüttenzement
TGL 13635	Hydrotechnischer Zement
TGL 16691	Sulfatresistenter Portlandzement
TGL 2788–56	Kalziumkarbonate Kreide (Entwurf)
TGL 4255	Technische Gipse
TGL 7527	Baugips
DIN 1164	Rohgipse als Abbinderegler von Zement } neue TGL in Vorbereitung
DIN 1108	Gipse (allgemein) } neue TGL in Vorbereitung
TGL	Gipsgestein und Anhydritgestein für industrielle Zwecke (vom Institut f. Zement Dessau z. Z. bearbeitet).

6.3. Spezialinstitute für Analysen von Karbonat- und Sulfatgesteinen

(außer Labors der Werke, Erkundungsbetriebe und des DAMW)

Zementrohstoffe u. Bindemittel aus Kalkstein, Dolomit, Gips, Anhydrit und Kreidekalk:	Institut für Zement, Dessau, Brauereistr. 21a
Sinterdolomit:	VEB Entwicklungsbüro Grobkeram – WTZ der Feuerfest-Industrie, Chem. Labor. – Meißen, Brauhausstr. 21
Kalk und Dolomit für Glasindustrie:	Inst. f. Glastechnik, Betr.-Teil Weißwasser/Ol., Straße d. Einheit 2/24, und Betr.-Teil Ilmenau/Thür., Karl-Liebknecht-Str. 25
Kalk und Dolomit sowie Untersuchungen für Schlämmkreide:	Inst. f. angew. Mineralogie, Dresden A 20, Karcherallee 17

ZENTRALE VORRATSKOMMISSION FÜR MINERALISCHE ROHSTOFFE DER DDR

Der Vorsitzende
Stammberger

Sucharbeiten auf Erdöl im Gebiet von Kaliningrad[1)]

M. S. SAKASCHANSKI, UdSSR

Die strukturell-tektonischen Besonderheiten der Baltischen Syneklise wurden im letzten Jahrzehnt durch geophysikalische Messungen und Tiefbohrungen näher untersucht. Seismische und elektrische Erkundungsarbeiten, die hier im Jahre 1958 durchgeführt wurden, erbrachten wichtige Angaben über die Oberflächenstruktur des kristallinen Grundgebirges. Durch refraktionsseismische Sondierungen mit der KMGW-Methode (Korrelationsmethode) in Verbindung mit Tellurik, die die Gesamtfläche der Syneklise erfaßten, konnte die Tiefenlage des Fundaments ermittelt werden. Diese Daten sowie die Ergebnisse von magnetischen und gravimetrischen Messungen und von Bohrungen fanden bei der Zusammenstellung des abgebildeten Schemas Verwendung.

Die Angaben über den Aufbau des südlichen Abschnitts der Syneklise wurden nachträglich durch veröffentlichtes geologisches und geophysikalisches Material aus der VR Polen präzisiert. Das gesamte Unterlagenmaterial kennzeichnet aber nur einen Teil der Syneklise, möglicherweise sogar den kleineren Abschnitt, der sich über das Territorium des sowjetischen Baltikums und Polens erstreckt. Die strukturellen Grundzüge des größeren, in die Ostsee eintauchenden Teils der Syneklise bleiben bis zur Durchführung geophysikalischer Messungen im Meer ungeklärt.

Die Baltische Syneklise wird — unseren Vorstellungen nach — in ihrer nördlichen Hälfte durch ein annähernd meridionales Streichen gekennzeichnet, während ihre südliche Hälfte eine südwestliche Orientierung aufweist. Der südliche Teil der Syneklise wird durch Bruchzonen von der Belorussischen Anteklise getrennt.

Nach den vorliegenden Unterlagen läßt sich im mittleren Teil der Syneklise eine querangelegte Bruchzone von ungefähr 150 km Länge verfolgen, die sich zwischen dem nordöstlichen Teil der polnischen Staatsgrenze und dem Unterlauf des Njemen erstreckt. Danach verliert sie sich in der Ostsee.

[1)] Aus: „Geologija nefti i gasa", H. 2 (1963), S. 42–44. Übers.: E. GÜRGENS

Durch diese Zone, die im Magnetfeld als lineare streifenförmige positive Anomalie erscheint, werden Gebiete mit unterschiedlicher Struktur voneinander getrennt. Nördlich dieser Zone dominieren Anomalien mit NE-Streichen, südlich davon verlaufen sie in NW-Richtung. Außerdem weist die Zone selbst eine NW-Orientierung der Schwerkraftisanomalen auf, wobei in einigen Abschnitten erhöhte Gradienten des Schwerefelds zu verzeichnen sind.

Die dargelegten Besonderheiten der Anomalien lassen vermuten, daß es sich wahrscheinlich um eine tektonische Tiefenstörungszone im Fundament handelt, entlang derer wiederholte Segmentverschiebungen stattfanden. Diese Vermutung wird auch durch eine Reihe geologischer Tatsachen erhärtet, die in dem betreffenden Abschnitt der Syneklise zu beobachten sind. Bei der Herausbildung und räumlichen Verteilung der Sedimentationsbecken und ihrer Segmente wird die führende Rolle der tektonischen Bewegungen allgemein anerkannt.

Demgegenüber ist das Auftreten tektonischer Bewegungen in den Tafelgebieten (abgesehen von anderen wichtigen Ursachen) von der inneren Struktur des Fundaments abhängig. Die geologische Deutung der Magnetfeld- und Schwerefeldanomalien, die sich an der Erdoberfläche abzeichnen, läßt auf einen engen Zusammenhang zwischen den geophysikalischen Feldern und der inneren Struktur des Fundaments schließen.

In den letzten Jahren haben sich auf Grund von geophysikalischen Meßergebnissen die Tatsachen immer mehr verdichtet, die auf einen engen genetischen Zusammenhang zwischen der Tiefenstruktur der Erdkruste und den Besonderheiten im Aufbau der Sedimenthülle von Tafelbildungen hinweisen.

Über das Vorhandensein von Zusammenhängen zwischen dem Schwerefeld und der Entwicklungsgeschichte von Sedimentationsbecken zu verschiedenen Zeiten wurde für einige Gebiete der UdSSR hinreichend überzeugendes Beweismaterial veröffentlicht (W. W. WEBER und W. W. FEDYNSKI, A. SCH. FAITELSON u. a.).

Eine gemeinsam durchgeführte Analyse des Schwere- und Magnetfelds sowie der lithologisch-paläogeographischen Karten der westlichen und teilweise auch der nordwestlichen Gebiete der Russischen Tafel gestattet den Hinweis, daß ein genetischer Zusammenhang zwischen den geophysikalischen Feldern, welche die strukturell-tektonischen Besonderheiten des Fundaments widerspiegeln, und den paläogeographischen Elementen — der Verteilung von Festland und Meer, den Gebieten mit der größten Einsenkung von Sedimentationsbecken und, möglicherweise, den Verbreitungsgebieten verschiedener lithologisch-fazieller Komplexe — besteht.

Zur Begründung der querverlaufenden Bruchzone innerhalb der Baltischen Syneklise zurückkehrend, sei die Aufmerksamkeit auf nachstehende geologische Tatsachen gerichtet, welche eng mit dieser tektonischen Zone verknüpft und durch sie bedingt sind.

So wurde z. B. ein wesentlicher Unterschied zwischen dem Bohrprofil der Basisbohrung von Sowjetsk und der von Südkaliningrad festgestellt. Es ist bekannt, daß in dem Bohrprofil der nur 100 km von der Sowjetsker Bohrung entfernten Basisbohrung von Südkaliningrad eine fast 600 m mächtige Schichtenfolge devonischer

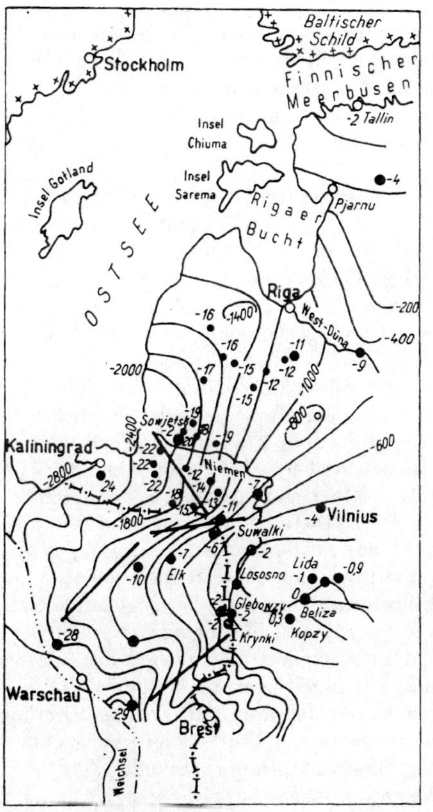

Abb. Strukturschema der Oberfläche des kristallinen Grundgebirges im Bereich der Westgebiete der Russischen Tafel

1 – Grenze des präkambrischen Baltischen Schildes, 2 – vermutete Übergangszone der epiherzynen Tafel Europas und der präkambrischen Russischen Tafel (anhand geologischer und geophysikalischer Daten), 3 – Isohypsen der Oberfläche des präkambrischen Fundaments auf Grund von Bohr- und geophysikalischen Meßergebnissen, 4 – vermutete Brüche im Fundament, 5 – Bohrungen, welche die Oberfläche des Fundaments erreicht haben (absolute Höhenangaben der Oberfläche in hundert Metern); 6 – absolute Höhenangaben der Oberfläche des Fundaments auf Grund seismischer Messungen (in hundert Metern)

Sedimente fehlt. Schließt man die Möglichkeit einer Erosion dieser Schichtenfolge aus, so führt diese Tatsache zu der Schlußfolgerung, daß in dem betreffenden Abschnitt der Syneklise starke Bewegungen der Erdkruste in prädevonischer Zeit stattgefunden haben müssen.

Untersucht man die vorangegangenen geologischen Zeiträume, so lassen sich Erscheinungen feststellen, die ebenfalls in Verbindung mit relativen Dislokationen des präkambrischen Fundaments entlang besagter Zone gebracht werden müssen. Nach Auswertung der Bohrergebnisse verschiedener Bohrtrupps für Strukturbohrungen in der Litauischen SSR ist die größte Mächtigkeit der kambrischen Ablagerungen im Süden Litauens und im Gebiet von Kaliningrad speziell an diesen Bereich gebunden. Im Kambrium erfolgte entlang jener tektonischen Zone die größte Einsenkung der Erdkruste. Nahe dieser Zone, im südlichen Teil des sowjetischen Baltikums, erstreckt sich auch ein Gebiet mit größten Mächtigkeiten ordovizischer Ablagerungen. Das NW-Streichen ist charakteristisch für die Isopachen der Ablagerungen des Oberen Perms und der Oxford-Schichten des Oberen Juras.

Es sei auch daran erinnert, daß das Profil der Südkaliningrader Bohrung im Vergleich zur Bohrung von Sowjetsk eine wesentlich größere Mächtigkeit des Mesozoikums aufweist. Bemerkenswert ist auch, daß der nordwestliche Teil des Streifens anomaler physikalischer Felder (der Bruchzone) über eine Erstreckung von 50 km annähernd mit dem Unterlauf des Njemen zusammenfällt, dessen Tal stark übertieft und mit mächtigen Flußablagerungen ausgefüllt ist. Letzteres hängt wahrscheinlich mit den jüngsten Vertikalbewegungen entlang jener Bruchzone zusammen.

Die größere tektonische Aktivität der betreffenden Zone in der rezenten Entwicklungsetappe wird durch die Ergebnisse wiederholter Nivellements bestätigt, die im südwestlichen Baltikum durchgeführt wurden (LESIS 1960). Die Isobasen des Territoriums der Litauischen SSR und teilweise auch des Kaliningrader Gebiets besitzen hier eine nordwestliche Orientierung, wobei das maximale Ansteigen der Erdoberfläche, bezogen auf NN (+ 3 mm im Jahr), in der Nähe von Wirbalis fixiert wurde, das in der betreffenden tektonischen Zone liegt.

Die Frage des Vorhandenseins einer querverlaufenden Bruchzone innerhalb der Baltischen Syneklise ist von großer prinzipieller und praktischer Bedeutung. Die Bewegungen längs dieser Zone mußten zur Bildung lokaler Strukturen in den Sedimentschichten des angrenzenden Territoriums führen, wo auch mit einem Auskeilen und mit einer diskordanten Lagerung der Schichten zu rechnen ist. Sind an diese vermutete tektonisch aktive Zone nicht die in ihrer Nähe gelegenen lokalen Aufwölbungen von Gusew, Krasnosnamensk, Njeman, Pagegjai, Stonischkjai, Schimut und Slawsk gebunden?

Auf Grund der tektonischen Besonderheiten dieser Zone kann dieses Gebiet, bei Vorhandensein anderer günstiger Voraussetzungen (Speichergesteine, Deckgebirge u. a.), als höffig für das Ansetzen von Sucharbeiten auf Erdöl bezeichnet werden.

Im Jahre 1963 soll der an diese Zone gebundene Streifen eingehend durch gravimetrische Messungen sowie durch reflexions- und refraktionsseismische Profile untersucht werden.

Im Zusammenhang mit der Ausscheidung einer tektonisch aktiven und mobilen querverlaufenden Zone innerhalb der Baltischen Syneklise ist die von W. K. Gudelis (1960) festgestellte unterschiedliche Entwicklung des nördlichen und südlichen Abschnitts der Ostseeküste des Baltikums während der spät- und postglazialen Zeit nicht ohne Bedeutung. Es ist anzunehmen, daß die differenzierten Bewegungen des Fundaments längs dieser Zone, neben anderen wichtigen Ursachen, auch den unterschiedlichen Entwicklungscharakter der östlichen Ostseeküste bewirkt haben.

Literatur

Lesis, I. P.: Rezente Bewegungen der Erdkruste auf dem Territorium des südwestlichen Baltikums anhand von Fein- und Feinstnivellements. – Sb. Neotektonitscheskije dwishenija pribaltiki, isd. AN Est. SSR, Tartu 1960.

Gudelis, W. K.: Allgemeine Grundzüge in der Entwicklung der Küsten des Ostbaltikums während der spät- und postglazialen Zeit. – Sb. Morskije berega, trudy instituta geologii AN Est SSR, Tallinn 1960.

Ingenieurgeologische Probleme beim Autobahnbau (II. Teil)[1]

Gerhard Knopp & Erwin Kurzweil, Berlin

Verf. haben im ersten Teil des Beitrages über die ingenieurgeologische Begutachtung eines Teilabschnittes der geplanten Autobahn Berlin—Rostock berichtet. Im folgenden werden die Ergebnisse ingenieurgeologischer Untersuchungen über die Ursachen der auf der Autobahnstrecke Berliner Ring—Marienborn aufgetretenen starken Deckenschäden dargelegt.

Ingenieurgeologische Untersuchungen über die Baugrundverhältnisse der Autobahnstrecke Berliner Ring (Westtangente) — Marienborn

Die Autobahnstrecke Berliner Ring (Westtangente)—Marienborn weist in ihrer gesamten Länge, besonders auf der Richtungsfahrbahn Marienborn—Berlin, und zwar vor allem westlich der Elbe, sehr starke Deckenschäden auf, so daß in absehbarer Zeit eine Erneuerung der Betonplatten notwendig werden wird. Um Unterlagen über die Beschaffenheit des Baugrundes zu erhalten, aus denen sich Art und Umfang der Erneuerungsarbeiten bestimmen lassen, sind bereits eingehende ingenieurgeologische und bodenmechanische Untersuchungen durchgeführt worden. Über die Ergebnisse soll nachstehend berichtet werden.

Geologische Verhältnisse im Bereich der Autobahn Berliner Ring—Marienborn

Abzweigend vom Berliner Ring, verläuft die Autobahn in einem ehemaligen Haveltal (Talsand), durchquert anschließend die Rotscherlinder Hochfläche (vorwiegend Hochflächensand) sowie zwischen Reckahn und Wollin das Baruther Urstromtal (vorwiegend Talsand). Sie verläuft dann bis zur Elbe im NW-Teil des Flämings, in dem als Zungenbecken ausgebildeten Burg—Ziesarer Vorfläming (Talsand, Ton, Hochflächensand, untergeordnet Geschiebemergel). Westlich der Elbe, aus der Magdeburger Elbaue kommend (Damm von max. 5 m Höhe über Schlick und Talsand), durchzieht die Autobahn den Flechtinger Höhenzug (Geschiebemergel, Hochflächensand und Grauwacken, teilweise unter Löß), im weiteren Verlauf die Triasplatte von Weferlingen—Schönebeck (Löß über Geschiebemergel, Hochflächensand sowie Schichten des Buntsandsteins und des Rotliegenden), anschließend den Allertalgraben (vorwiegend Löß über Geschiebemergel; Schichten des Keuper) und die Lappwaldmulde (Geschiebemergel, teilweise unter Löß; Tone und Sandsteine des Lias, Sandsteine und Schiefertone des Oberen Keuper). Im Autobahnabschnitt östlich der Elbe besitzen die pleistozänen Schichten eine große Mächtigkeit, während sie westlich der Elbe meist nur in geringer Stärke anzutreffen sind.

Die geologischen Verhältnisse sind bereits bei der endgültigen Festlegung der Trassenführung weitestgehend berücksichtigt worden (Frebold 1935). So ist z. B. durch eine Verlegung der ursprünglich geplanten Trasse das Fiener Bruch wegen der hier auftretenden ungünstigen holozänen Bildungen umgangen worden. Auch bei der Festlegung des Autobahnabstieges von der Höhe der Magdeburger Börde zum Elbtal haben die geologischen Gesichtspunkte eine Rolle gespielt. Der stellenweise am Rand der Börde ausstreichende Septarienton weist gerade in seinen oberen Lagen, in denen der Autobahneinschnitt hätte liegen müssen, eine durch Eisdruck bewirkte Durchknetung und eine Überlagerung durch wasserführende Sande und Kiese, also ungünstige Baugrundverhältnisse, auf. Durch die endgültig gewählte Linienführung ist auch hier der ungünstige Baugrundbereich zum größten Teil umgangen worden. Schließlich sei noch darauf hingewiesen, daß auch der zwischen Walbeck und Alleringersleben vorkommende Obere Buntsandstein wegen der dort auftretenden Gipslager, die größere Setzungen und Erdfälle verursachen können, die endgültige Trassenführung beeinflußt hat.

Da die geologischen Verhältnisse beim Bau der Autobahnstrecke Berliner Ring—Marienborn berücksichtigt worden sind, mit Schwächezonen im Untergrund somit nicht zu rechnen ist und die Deckenschäden sich nicht auf begrenzte Abschnitte beschränken, kommen als Ursache der starken Schäden nur die oberen Lagen der jeweilig unter der Fahrbahnbefestigung befindlichen Lockergesteine in Frage. Die ingenieurgeologischen und bodenphysikalischen Untersuchungen haben sich daher im wesentlichen auf die im Bereich der Witterungs- und der Verkehrseinflüsse liegenden Schichten erstreckt.

[1] Eingang des Manuskripts in der Redaktion: 14. 3. 1963

Ingenieurgeologische Untersuchungen

Im Autobahnabschnitt von km 0,0 bis zur Elbe bilden fast ausschließlich nichtbindige frostsichere Lockergesteine in Form von Tal- und Hochflächensanden, von der Elbe bis km 128,0 (Staatsgrenze) dagegen hauptsächlich bindige frostveränderliche Lockergesteine (Löß oder Lößlehm bzw. Schwarzerde, Geschiebemergel und Geschiebelehm sowie Verwitterungsprodukte von Festgesteinen als Ton- oder Lehmböden) den Baugrund.

Bei den Sanden handelt es sich vorwiegend um gleichkörniges Material, das auf Grund seines auch bei dichter Lagerung im allgemeinen noch labilen Kornverbandes eine für die hohe Verkehrsbeanspruchung ausreichende Stabilität in den oberen Lagen meist nicht besitzt. Derartige Sande können sich unter der Einwirkung der hohen Verkehrslasten verlagern. Bei geringer Verkehrsbeanspruchung, also bei Straßen mit schwachem Verkehr, reicht die Stabilität gleichkörniger, gut verdichteter Sande aus. Es ist dann allerdings von Vorteil, wenn diese Sande möglichst eckige Kornformen mit rauher Oberfläche besitzen. Soweit seinerzeit beim Autobahnbau aus Einschnitten und in der Nähe der Autobahnstrecke Sande zur Verfügung standen, wurden sie als Dammaterial verwendet.

Der im Gebiet der Magdeburger Börde im Zuge der Autobahn vorherrschend auftretende Löß bzw. Lößlehm gilt zwar bei natürlichem niedrigem Wassergehalt als guter Baugrund; er ist aber — auch hinsichtlich der Übertragung der Beanspruchung nach der Tiefe zu — gleichmäßig zu belasten und einer späteren Belastungsänderung möglichst nicht zu unterwerfen. Schon bei geringer Wasseraufnahme vermindert sich bei diesem Baugrund infolge seines engen Plastizitätsbereiches die Tragfähigkeit. Bei der Schwarzerde hängt der Grad der Tragfähigkeit auch vom Humusgehalt ab.

Bereits die allgemeine Charakterisierung der genannten Lockergesteine zeigte, daß die Ursachen der starken Deckenschäden hauptsächlich in den aus diesen bestehenden oberen Gesteinslagen zu suchen sind. Diese stellen für die schwer belasteten Betondecken keine genügend tragfähige Deckenunterlage dar. Ihre nicht mehr ausreichende Stabilität hat bereits seit Jahren in immer stärkerem Maße zu ungleichmäßigen Setzungen zahlreicher Betonplatten geführt. Man hat daher seit langem versucht, die Deckenschäden durch umfangreiche Plattenhebungen zu beseitigen.

Um zu Vorschlägen für eine Verbesserung des Baugrundes und für die Herstellung eines genügend stabilen Unterbaus zu gelangen, sind an zahlreichen Stellen der Richtungsfahrbahn Marienborn—Berlin, teils in der Lastspur, teils in der Überholspur, aus den unterhalb der aufgebrochenen Betondecke liegenden Lockergesteinsschichten zwecks eingehender bodenphysikalischer Untersuchungen gestörte und ungestörte Proben entnommen worden. Die allgemeine örtliche Überprüfung dieser Schichten erfolgte durch Sondierungen. Der Grad der Tragfähigkeit der unmittelbar unter der Decke liegenden Schichten wurde stellenweise auch durch den Plattendruckversuch ermittelt.

Die bodenphysikalischen Untersuchungen der Proben erstreckten sich u. a. auf die Feststellung der Kornzusammensetzung, der Plastizität und der vorhandenen Lagerungsdichte (nach dem Trockenraumgewicht), ausgedrückt in Prozenten der Proctordichte. Sie führten zu recht interessanten Feststellungen, auf die hier jedoch nur kurz eingegangen werden kann. Auch die bei der örtlichen Überprüfung der Unterbau- und Baugrundverhältnisse gewonnenen Erkenntnisse sollen kurz erläutert werden.

Ursachen der Deckenschäden

Bei der Suche nach den Ursachen der starken Deckenschäden darf nicht übersehen werden, daß während des Krieges und in den ersten Nachkriegsjahren die Fugen in den Betondecken vielfach nicht vergossen oder meist mit schlechter Fugenvergußmasse geschlossen worden sind. Das Niederschlagswasser erhielt dadurch (und allerdings auch seitlich der Fahrbahn, hauptsächlich vom Mittelstreifen aus) Zutritt zu den unterhalb der Betonplatte liegenden Schichten. Bei Sand, insbesondere gleichkörnigem Sand, bewirkte es, wenn auch nicht immer ein Wegspülen ganzer Sandpartien, so doch zumindest eine Veränderung des Korngefüges, teilweise durch Wegführen des feineren Kornes. Außer der Einwirkung des Wassers auf das Korngefüge hat selbstverständlich auch die Verkehrseinwirkung eine Einrüttelung des Sandes hervorgerufen. Stufen- und Rissebildungen in den Betonplatten sowie ein Flattern der Plattenenden sind die Folge einer solchen Sandumlagerung (Abb. 1). Stellenweise ist zur Dammschüttung — sogar in den oberen Lagen — aus Einschnitten gewonnenes bindiges Material, und zwar auch Löß bzw. Lößlehm, verwendet worden. Das in den Baugrund eingedrungene Wasser hat ein Aufweichen und damit ein Absinken der Tragfähigkeit der bindigen wasserempfindlichen Lockergesteine bewirkt. Eine unmittelbar unter der Betondecke liegende, aus einem nichtbindigen, möglichst hohlraumarmen, korngrößenmäßig gut abgestuften Material bestehende Tragschicht, die bei frostveränderlichem Baugrund auch als Frostschutz hätte gelten können, wurde an keiner Untersuchungsstelle vorgefunden. Eine solche über dem wasserempfindlichen Lockergestein liegende, aus wasserunempfindlichem Material bestehende Schicht hätte sich auf die Haltbar-

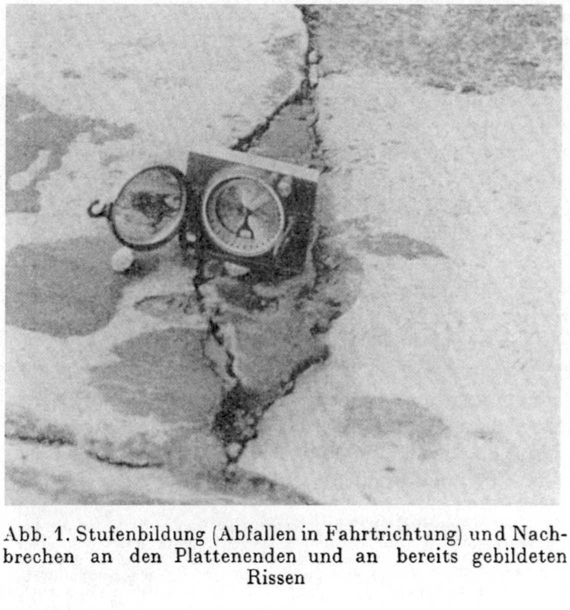

Abb. 1. Stufenbildung (Abfallen in Fahrtrichtung) und Nachbrechen an den Plattenenden und an bereits gebildeten Rissen

keit der Betonplatten günstig ausgewirkt. So wären beispielsweise Deckenschäden infolge von Frosteinwirkungen nicht oder nur in geringem Maße aufgetreten.

An den Fugen, wo nachgewiesenermaßen (SPRINGENSCHMID 1962) durch Abkühlung eine Aufwölbung der Betondeckenenden erfolgt und dadurch kleine Hohlräume zwischen Decke und Baugrund entstehen, hat das sich ansammelnde Wasser infolge des durch die Verkehrseinwirkungen hervorgerufenen „Pumpens" der Betonplatten die Möglichkeit, die oberen Baugrundlagen aufzulockern und evtl. feine Teilchen wegzuführen. Ein mit Zement verfestigtes Gesteinsmaterial wäre hier vom Pumpvorgang unbeeinflußt geblieben und hätte bessere Auflagebedingungen für die Betondecken geschaffen.

Bei der Untersuchung der außerordentlich starken Deckenschäden sind wir zu der Ansicht gelangt, daß die seit 1947 wegen ungleichmäßiger Setzungen zahlreicher Deckenfelder durchgeführten Plattenhebungen die Verschlechterung des Deckenzustandes mit verursacht haben. Das beim Hebungsvorgang erfolgte Einpressen von Wasser unter die Betondecke dürfte in noch weit stärkerem Maße als das natürliche Eindringen von Wasser in den Baugrund eine Verschlechterung der Tragfähigkeitseigenschaften der bindigen Lockergesteine, insbesondere des Lößes oder Lößlehmes, bewirkt haben. Hinsichtlich des Wasserzutritts zum Baugrund sei noch bemerkt, daß das Wasser Bewegungen des bindigen wasserempfindlichen Baugrundes hervorruft, die sich auf die Haltbarkeit der Betondecken äußerst nachteilig auswirken.

Die stärkere Baugrundbelastung durch den zunehmenden Autobahnverkehr der letzten Jahre hat vor allem bei dem gegen mechanische Einflüsse sehr empfindlichen Löß Veränderungen in der Konsistenz hervorgerufen und dadurch die starke Zerstörung der Betondecke mit verursacht.

Nach den Beobachtungen an den einzelnen Untersuchungsstellen dürfte sich auch auf die Betondecken ungünstig ausgewirkt haben, daß sich das bei den Plattenhebungen zwischen Betondecke und Baugrund bzw. Unterbau jeweils eingepreßte Material (lehmiger Sand, hydraulischer Mörtelbildner, Bunakalk und Bauzement) — zumindest bei steifer Konsistenz — nicht überall gleichmäßig verteilt hat. Abb. 2 zeigt beispielsweise die Anreicherung des eingepreßten Materials unter der Betonplatte am Einpressungsloch. Die angehobenen Platten haben demnach unmittelbar nach dem Hebungsvorgang nicht an allen Punkten auf dem eingepreßten Material aufgelegen. Besonders vor der Wiederzulassung des Verkehrs wäre aber eine satte Auflage der Betondecken auf der Deckenunterlage unbedingt erforderlich gewesen. So aber hat erst der wieder einsetzende Verkehr die Betonplatten an den Unterbau angedrückt, infolge der ungleichmäßigen Auflagebedingungen aber Zugspannungen und somit Rissebildung in den starren Decken hervorgerufen. Es ist auch zweifelhaft, ob das bei den Plattenhebungen eingepreßte Material immer die für die Deckenunterlage gewünschte Lagerungsdichte erreicht hat.

Schließlich sei erwähnt, daß der bis zu einer Tiefe von 1,40 m unter Deckenunterkante untersuchte Autobahnkörper eine ungenügende Verdichtung besitzt. Nach TGL 11482 werden gerade für die oberen Baugrundlagen hohe Prozentsätze der Proctordichte[2]) und insbesondere für die als Tragschicht geltende oberste Lage bestimmte (durch das Plattendruckverfahren gemessene) Tragwerte gefordert. Die in den untersuchten nichtbindigen Lockergesteinen festgestellten Proctorwerte lagen zwischen 92 und 99% (meist bei 96%) gegenüber der geforderten Dichte von 100%. Bei den bindigen Lockergesteinen betrugen die ermittelten Proctorwerte 88 bis 93% (meist 90%) gegenüber 97% nach TGL. Die beim Plattendruckversuch in nichtbindigen Lockergesteinen festgestellten Tragwerte (Verformungsmaß) zwischen 266 und max. 679 kp/cm² lagen teilweise ebenfalls unter den geforderten Werten.

Die aufgezeigten Mängel im Aufbau und in der Beschaffenheit der unterhalb der Betondecke liegenden Unterbau- und Baugrundschichten sind teilweise auch darauf zurückzuführen, daß beim Autobahnbau trotz der schon damals in großem Umfange durchgeführten bodenmechanischen Untersuchungen die Bedeutung des Kornaufbaues eines nichtbindigen Materials für die Herstellung eines stabilen Traggerüstes als Unterlage für hochbelastete Fahrbahndecken und die Wichtigkeit der Bodenverdichtung zur Erhöhung der Stabilität des Baugrundes und des Unterbaues in ihrer Tragweite nicht voll erkannt und somit bei der Bauausführung auch nicht in dem erforderlichen Ausmaß berücksichtigt worden sind.

Örtliche Feststellungen über die beobachteten Risse in den Betonplatten sollen noch kurz erwähnt werden. Die Überprüfungen haben nur allgemein zu deutende Ergebnisse geliefert. Für die Entstehung der Deckenschäden sind die in Betracht kommenden Faktoren so vielfältig, daß aus den Rissebildungen auf Grund unserer Beobachtungen nur eine summarische Auswertung erfolgen kann. Von den im März 1962 auf der Richtungsfahrbahn Marienborn—Berlin an den Untersuchungsstellen im Gebiet der Börde ausgezählten Rissen lagen etwa 71% in der besonders stark beanspruchten Lastspur und nur etwa 29% in der meist für die Überholung

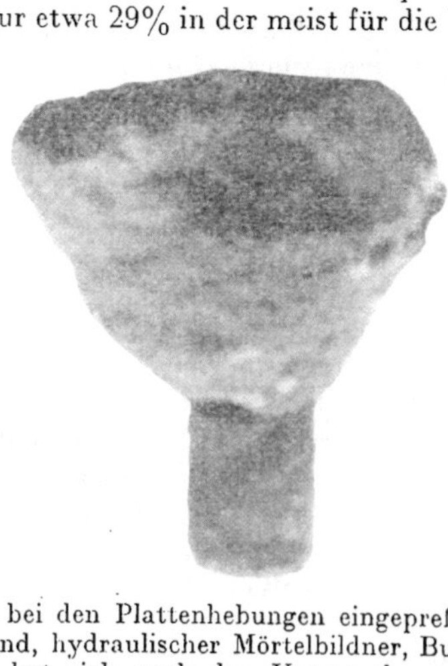

Abb. 2. Das bei den Plattenhebungen eingepreßte Material (lehmiger Sand, hydraulischer Mörtelbildner, Bunakalk und Bauzement) hat sich nach den Untersuchungsergebnissen nicht überall gleichmäßig unter der Betonplatte verteilt, sondern meist in der Nähe der Einpressungstellen angereichert. Die Abb. zeigt sogar eine pilzförmige Ausbildung des eingepreßten Materials (Höhe 26 cm).

[2]) Die Proctordichte, als Trockenraumgewicht angegeben, ist die bei einem bestimmten (dem günstigsten) Wassergehalt unter Aufwendung einer bestimmten Verdichtungsarbeit nach einer genau festgelegten Methode durch Abstampfen in einem genormten Gefäß erreichbare Lagerungsdichte einer Lockergesteinsprobe.

ZEITSCHRIFT FÜR ANGEWANDTE GEOLOGIE

KOLLEKTIVE CHEFREDAKTION

Dr. K. KAUTER (Redaktionssekretär)
Dr. F. STAMMBERGER
Dr. G. TISCHENDORF
Dipl.-Berging.-Geol. G. ZINDLER

BAND 9 · 1963 · HEFT 1 bis 12

INHALTSVERZEICHNIS

Artikel ohne Verfasserangabe

Geologie, Paläontologie

Mineralogie, Petrographie

Lagerstättenkunde, Bergbau

Geochemie

Geophysik

Ingenieurgeologie, Hydrogeologie, Bodengeologie

Methodik der Erkundung

Vorratsberechnung

Chemie

Technisches

Wirtschaftliches

Sonstiges

Wissenschaftliche Tagungen

Besprechungen und Referate

Besprechungen und Referate ohne Verfasserangabe

Neuerscheinungen und Literaturhinweise

Nachrichten und Informationen

Kurznachrichten

Abb. 3. Querrisse als häufigste Form der Deckenzerstörung; vorn rechts Untersuchungsstelle bei km 102, 2 (Richtungsfahrbahn Marienborn—Berlin)

der Fahrzeuge benutzten Fahrspur. Ferner waren im Bereich bindiger Lockergesteine 88%, im Bereich rolliger Lockergesteine dagegen nur 55% aller vorgefundenen Risse als größere Deckenschäden zu betrachten. Diese Unterschiedlichkeit wird teilweise damit begründet, daß sich der Wasserzutritt in den bindigen, auch als veränderlich-fest bezeichneten Lockergesteinen besonders nachteilig auf die Konsistenz und somit auf die Tragfähigkeit ausgewirkt hat (Abb. 3).

Folgerungen

Auf Grund der örtlichen Feststellungen und der bodenphysikalischen Laboruntersuchungen über die Baugrundverhältnisse im Zuge der Autobahn Berliner Ring—Marienborn sind dem Projektanten Vorschläge für die Herstellung eines genügend tragfähigen Baugrundes und Unterbaues unterbreitet worden. Es wurde ihm im wesentlichen empfohlen, außer einer wirkungsvollen Entwässerung des Autobahnkörpers im Falle eines Tiefeinbaues der neuen Fahrbahndecke unter Berücksichtigung des jeweiligen Wasserstandes als unmittelbare Deckenunterlage eine durch Zement oder Bitumen verfestigte mindestens 10 cm dicke Kiessandschicht und darunter eine etwa 15 cm starke, mechanisch stabilisierte, also aus einem nichtbindigen ungleichkörnigen, korngrößenmäßig gut abgestuften Material bestehende Tragschicht vorzusehen. Im Bereich frostveränderlichen Baugrundes sollte diese auch als Frostschutz geltende Tragschicht als unteren Abschluß eine dünne, aus frostsichererem Sand bestehende Filterschicht erhalten. Auf die Notwendigkeit einer bestimmten Kornzusammensetzung und einer Verdichtung der Lockergesteine gemäß TGL 11482, Blatt 2, ist hingewiesen worden.

Bei dem aus wirtschaftlichen Gründen hauptsächlich in Betracht kommenden Hocheinbau, bei dem Baugrundfragen in den Hintergrund treten, sollen die alten Betonplatten entweder in dem bestehenden Zustand oder in zertrümmerter Form als Unterbau wiederverwendet werden. Hier ist ein Verfahren zu entwickeln, wonach die alten Betonplatten, ohne daß sie vorübergehend zu entfernen sind, so mit den darunterliegenden Baugrundschichten verbunden werden, daß sie als stabiler Unterbau gelten können. Bei dieser Fahrbahnbefestigung durch die alten Platten als Unterbau, einer darüberliegenden Ausgleichschicht und der eigentlichen Betondecke müßte im Bereich frostveränderlichen Baugrundes auf eine besondere Frostschutzschicht verzichtet werden.

Schlußbemerkungen

Bei den vorstehenden ingenieurgeologischen Untersuchungen auf dem Gebiete des Autobahnbaues war für die Auswahl der zu erörternden Bauvorhaben maßgebend, daß hier die Möglichkeit bestand, wichtige ingenieurgeologische und geotechnische Fragen zu behandeln. Den von uns gegebenen Hinweisen lagen lediglich ingenieurgeologische und bodenmechanische, nicht aber bautechnische und bauwirtschaftliche Gesichtspunkte zugrunde.

Zusammenfassung

Verf. erläutern an zwei Autobahnobjekten die Vielseitigkeit der ingenieurgeologischen Aufgaben. Im Teil II werden die Ergebnisse ingenieurgeologischer Untersuchungen über die an der Autobahn Berliner Ring—Marienborn aufgetretenen starken Deckenschäden näher behandelt. Die Ursachen dieser Schäden sind auf Grund bodenphysikalischer Untersuchungen u. a. in einer nicht mehr ausreichenden Stabilität der unterhalb der Fahrbahn liegenden Lockergesteine zu suchen. Auch die Art der seit Jahren durchgeführten Plattenhebungen dürfte nach Ansicht der Verfasser eine Verschlechterung der Fahrbahndecken bewirkt haben.

Резюме

На примере двух проектов по строительству автострад авторы излагают многосторонность инженерно-геологических задач. Во второй части обсуждаются результаты инженерно-геологических исследований сильных повреждений покровов у автострады Берлинское кольцо—Мариенборн. На основе почвенно-физических исследований, причины этих повреждений надо искать в недостаточной прочности залегающих под мостовой рыхлых пород. По мнению авторов, способ проведенных уже в течение нескольких лет поднимании плит также привел к ухудшению покровов автострады.

Summary

The variety of engineering-geological problems is illustrated by two motor-road projects. Part II describes in detail results obtained by engineering-geological investigations of heavy road-surface damages found on the motor road Berliner Ring—Marienborn. As was shown by soil physical investigations they are caused, inter alia, by a no longer sufficient stability of loose material below the road surface. In the view of the authors the way of raising sunken slabs too carried out for years may have produced a deterioration of the road surfaces.

Literatur

FREBOLD, G.: Einige geologische Besonderheiten der Reichsautobahn Hannover—Berlin. — Die Straße, 2. Oktoberheft 1935.

KLENGEL, J. K.: Beiträge zur Kenntnis des bodenphysikalischen Verhaltens pleistozäner Lockergesteine unter Berücksichtigung der Bedeutung für die geologische und ingenieurgeologische Praxis. — Freib. Forsch.-H. C 104, 1961.

KNOPP, G., D. HENKEL & E. KURZWEIL: Ingenieurgeologische Gutachten über den Bau der Autobahn Berlin—Rostock, Bezirksgrenze Potsdam/Schwerin — Berliner Ring, und über die Schließung des Berliner Autobahnringes. — Archiv der Arbeitsstelle Berlin des VEB Geol. Erkundung Nord, Berlin 1961 (unveröff.).

KNOPP, G., & E. KURZWEIL: Ingenieurgeologische Gutachten über die Baugrundverhältnisse im Zuge der Autobahn Berliner Ring—Marienborn. — Archiv der Arbeitsstelle Berlin des VEB Geol. Erkundung Nord, Berlin 1962 (unveröff.).

SIEDECK, P. & R. VOSS: Die bodenmechanischen Vorarbeiten für Straßenbauten. — Werner-Verlag G. m. b. H., Düsseldorf 1957.

SOLGER, F.: Verlauf und Bildungsbedingungen der Endmoränen im Raume Brandenburg. — Ber. geol. Ges. DDR, 5, 3, 206—223, Berlin 1960.

SPRINGENSCHMID, R.: Entwicklung des Betonstraßenbaues in Kalifornien. — Straßen- und Tiefbau, H. 12, 1962.

Geochemische Fazies der Unterkreidesedimente in Westmecklenburg und am Kleinen Fallstein[1]

MARTIN GUNTAU, Berlin

1. Einleitung

Für geochemische Untersuchungen[2]) an Sedimenten der Unterkreide stand Gesteinsmaterial von Erdölbohrungen aus Westmecklenburg und von Bohrungen auf Neokomeisenerze vom Kleinen Fallstein (nördliches Harzvorland) zur Verfügung. Mit Hilfe von unterschiedlichen Konzentrationen und Assoziationen der Elemente sollte versucht werden, die geochemische Fazies während der Sedimentation zu charakterisieren. Bei den Untersuchungen waren alle Typen der Sedimente mit Ausnahme von Sandsteinen zu berücksichtigen.

2. Geologie und Petrographie der Unterkreide

Westmecklenburg

Die Unterkreide im Südwestmecklenburgischen Trog (R. WIENHOLZ 1959) enthält in der Regel eine vollständige, stellenweise bis über 400 m mächtig werdende Sedimentationsfolge vom Wealden bis zum Alb. Die Sedimentablagerung ging in diesem Bereich in einem Flachmeer vor sich, das zeitlich und wahrscheinlich auch räumlich durch verschiedene geochemische Verhältnisse charakterisiert war. Im Untergrund wirkende Salzbewegungen lassen die Möglichkeit eines nicht völlig ausgeglichenen Meeresbodens offen, woran wegen einer unterschiedlichen Durchbewegung der Wassermassen wiederum differenzierte Verhältnisse für die Belüftung einzelner Meeresregionen geknüpft sein können. Auch andere Faktoren, wie z. B. die Salinität des Meeres, Strömungsverhältnisse oder klimatische Bedingungen haben Einfluß auf die geochemischen Sedimentationsbedingungen.

Die Bohrungen Werle 3, 7 und 8, die eine nahezu vollständige Schichtenfolge vom Wealden bis zum Alb ergaben, und die Bohrung Gorlosen 3, für die nur Orientierungskerne vorlagen, gehören alle zu Strukturen, die im Gebiet des Südwestmecklenburgischen Troges liegen (Abb. 1).

Lediglich die Bohrung Camin 2 liegt im Bereich der Nordwestmecklenburgischen Schwelle, die vom Wealden bis zum Neokom Abtragungsgebiet war. Vom Oberapt an gehören die westmecklenburgischen Trog- und Schwellengebiete einem einheitlichen Sedimentationsbereich an, so daß auch der Charakter des Gesteinsmaterials einheitlich wird.

Zur Petrographie der Sedimente

Wealden

Dieser Horizont besteht aus Wechsellagerungen von Sandsteinen und Tonsteinen (schwach verfestigte, ungeschieferte pelitische Tongesteine). Die Sandsteine zeigen alle Übergänge von völlig unverfestigten Lockermassen bis zu sandigen Tonen. Ihre Farbe ist meist grau bis hellgrau oder olivgrün. Die Tonsteine dagegen sind alle schwarz oder dunkelbraun, -oliv und -grau getönt. Ein recht hoher Gehalt an organischem Kohlenstoff, der einzelnen Partien sogar kohligen Charakter gibt, wurde in vielen tonigen Proben beobachtet.

Hauterive

Das Hauterive beginnt mit einem Kalkstein, der hellgrau bis schwarzgrau gefärbt ist und stellenweise tonig oder sandig werden kann. Bemerkenswert ist eine starke Fossilführung und ein Fehlen von bituminösen Substanzen und von Pyrit. Unmittelbar über dem Kalkstein geht der Karbonatgehalt wesentlich zurück, so daß die Sedimente in Schluff-, Ton- und Mergelsteine übergehen, die dunkelgraue, grauschwarze und olivgraue Farbtöne zeigen. Fossilreste, bituminöse Substanz und Pyrit treten in größerer Menge auf und bleiben auch im ganzen höheren Teil des Hauterive typisch, obwohl im obersten Hauterive der Kalkgehalt wieder zunimmt.

Barrême

Das Barrême wird durch einen Tonstein vertreten, der außerordentlich dunkle Farben hat und wechselnd kalkig, glimmerig, sandig oder glaukonitisch ist. Während im Unterbarrême Fossilreste beobachtet werden können, treten im oberen Teil der Stufe bituminöse Substanz und Pyrit hervor.

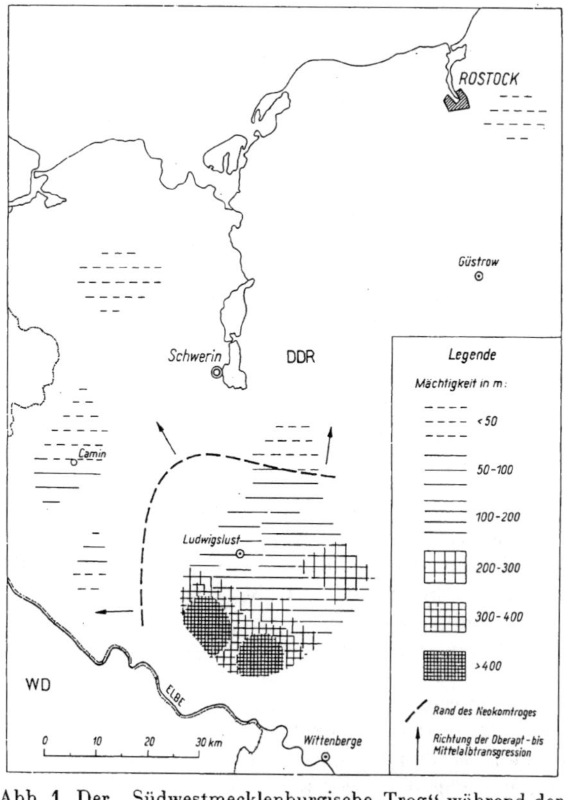

Abb. 1. Der „Südwestmecklenburgische Trog" während der Unterkreide (nach R. WIENHOLZ 1959)

---

[1]) Eingang des Manuskripts in der Redaktion: 1. 7. 1963.

[2]) Die geochemischen Aussagen wurden im Rahmen einer Diplomarbeit am Institut für Mineralogie und Lagerstättenlehre der Bergakademie Freiberg erarbeitet, das die Veröffentlichung der hier verwendeten Ergebnisse entgegenkommenderweise genehmigte. Die mikropaläontologischen und stratigraphischen Ergänzungen stellten für Westmecklenburg Frau E. WIENHOLZ und für den Kleinen Fallstein Frau I. BACH freundlichst zur Verfügung. Herr Prof. Dr. habil. H. J. RÖSLER sah das Manuskript vorliegender Arbeit kritisch durch. Für alle diese Unterstützung sei hier nochmals herzlich gedankt.

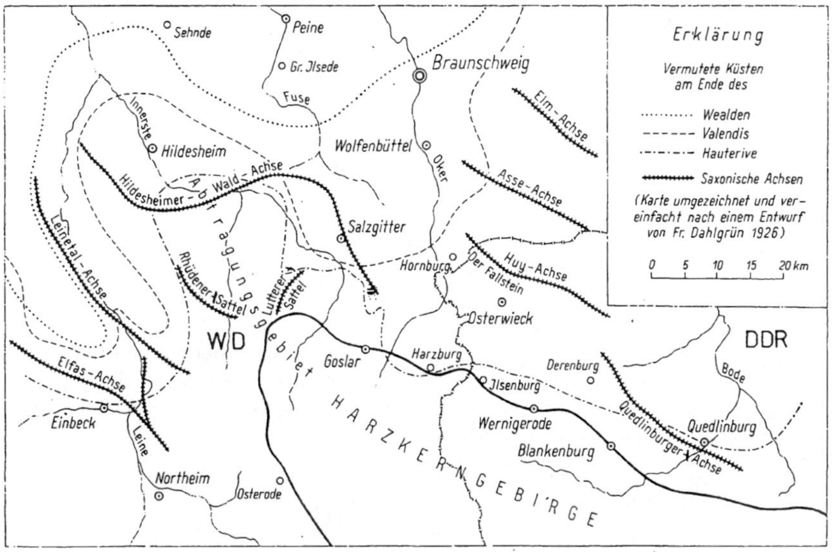

Abb. 2. Die Transgression der Unterkreide im nördlichen Harzvorland

Apt

Das Unterapt im Gebiet von Werle wird zum Teil noch durch einen dunkelgrauen bis schwarzgrauen, bituminösen, stark tonigen Mergelstein vertreten. Die Sedimentation der oberen Partien dieses Horizontes ist dagegen weiter im Norden bei Camin bedeutend kalkiger. Der Bitumen- und Pyritgehalt des Gesteins tritt stark zurück, so daß das Material hellgraue, grüngraue, gelbe und rotbraune Farbtöne enthält.

Alb

Im Alb setzt sich die Tendenz des zunehmenden Kalkgehalts im Sediment weiter fort. Die Bohrungen Werle und Camin erbrachten für das Alb einen hellen Mergelstein, der recht fossilreich ist, sandige Lagen enthält und bemerkenswerterweise (Harzvorland!) zum Teil ein flammiges Aussehen zeigt.

Kleiner Fallstein

Am Kleinen Fallstein bilden die Sedimente der Kreide eine Folge vom Hauterive bis zum Senon. Die von NW kommende Unterkreidetransgression drang in mehreren Vorstößen immer weiter nach Osten (Abb. 2) und erreichte das Probenahmegebiet im Unterhauterive (Bivirgatuszone).

Die Bedingungen der Sedimentation entsprachen auch hier während der ganzen Unterkreide denen eines Flachmeeres. Über dem tonigen Transgressionshorizont, der wechselnde Mengen von Eisenerzgeröllen führt, wurden konglomeratische Brauneisenerzlager, Tonsteine, Sandsteine und Mergel abgelagert. Bei allen diesen Gesteinstypen ist charakteristisch, daß sandige, glaukonitische oder wechselnd bituminöse Lagen rasch auskeilen. Das deutet darauf hin, daß die faziellen Verhältnisse in dem Flachmeer schon über kurze Entfernungen stärkeren Schwankungen unterworfen waren. Die Salztektonik im Untergrund und die nahe Küstenlage dürften für diese Verhältnisse von besonderer Bedeutung gewesen sein.

Während die tieferen Horizonte der Unterkreide im Schacht Fallstein II gut aufgeschlossen waren, wurden die Proben für die höheren Stufen aus Bohrungen entnommen. Die eine Bohrung (Neokomton I bis Minimuston) stand unmittelbar westlich neben dem Kalkbruch Hoppenstedt. Die andere (Flammenmergel) lag etwa 1,5 km nördlich von Osterwieck.

Zur Petrographie der Sedimente

Basalton

Die Sedimente der Unterkreide beginnen mit einem tiefschwarzen, fetten, z. T. glimmerigen Ton. In den höheren Partien finden sich vereinzelt Brauneisenerzgerölle, die einen Durchmesser bis ca. 2 cm erreichen können. Im Bereich der I. Sohle des ehemaligen Schachts Fallstein II wird der Basalton bis 4 m mächtig und im Hangenden von einer 20 cm dicken Kalkbank abgeschlossen. Darüber leitet eine 25 cm mächtige grau-schwarze Tonschicht zum Unteren Rollerzlager über.

Eisenerzhorizonte

Im Gebiet des Kleinen Fallsteins treten in der Regel zwei (seltener drei oder vier) konglomeratische Eisenerzhorizonte auf. Es handelt sich dabei um ein Gestein mit toniger Grundmasse, das wechselnd glaukonitisch oder mergelig werden kann. Als Gerölle treten hauptsächlich Brauneisenerzbrocken auf, die vor allem als Ooide und Bruchstücke ehemaliger Toneisensteingeoden vorliegen.

Neokomton I

Die beiden Eisenerzhorizonte werden von einem Tonsteinhorizont getrennt, der im Gebiet des Schachtes Fallstein II etwa 30 m mächtig ist. Das Gestein zeigt grauschwarze bis dunkelgrüngraue Farbtönungen. Stellenweise sind dem Material hellere schluffige bis feinsandige Lagen eingeschaltet, die aber selten mächtiger als 20—30 cm werden und auch horizontal rasch auskeilen. Reichlich vorhanden ist Pyrit, der hauptsächlich in Konkretionen zu beobachten ist.

Neokomton II

Über dem Oberen Rollerzlager folgt wieder eine Tonsteinserie, deren Farbe dunkelgrau, dunkelgrüngrau, dunkelgraubraun oder schwarzgrau ist. Das Material ist in der Regel feinkörnig, kann aber auch hellere sandige bis schluffige Einlagerungen aufweisen. Bemerkenswert ist ein beträchtlicher Bitumengehalt und das Vorhandensein von reichlich Pyrit.

Hilssandstein

Proben dieses Materials wurden geochemisch nicht bearbeitet.

Minimuston

Beim Minimuston handelt es sich um eine Serie von Schiefertonen und weichen Tonen mit unregelmäßig wechselnden Mengen von Sand, Glaukonit und Kalk. Die dunkleren, graugrünen bis grauschwarzen Farbtönungen des Gesteins lassen auf einen relativ hohen

Bitumengehalt schließen. Glaukonitische Lagen, Phosphoritkonkretionen und Pyrit treten häufig auf.

Flammenmergel

Dieser jüngste Horizont der Unterkreide im Gebiet des Kleinen Fallsteins besteht aus einem feinsandigen Mergel, bei dem die Gehalte von Kalk und Ton starken Unregelmäßigkeiten unterliegen. Zum Liegenden wird der Glaukonitgehalt des Flammenmergels stärker. Muschelschalen und bituminöse Reste sind im Gestein häufig enthalten.

3. Analytische Methodik und Elementkonzentrationen

Die Probenahme erfolgte nach den für solche Arbeiten üblichen Gesichtspunkten und Methoden. Die chemisch behandelten Proben wurden nach entsprechenden Vorbereitungen auf ihren Spurenelementgehalt spektralanalytisch untersucht. Dabei erfolgte das Abbrennen der Proben im Gleichstromdauerbogen. Zur quantitativen Bestimmung der Gehalte lagen Vergleichsmischungen vor (GUNTAU 1958), auf deren Grundlage Eichkurven aufgestellt wurden.

Für die Analysenwerte der spektralanalytischen Bogenaufnahmen wird ein allgemeiner Fehler von $\pm 30-50\%$ angenommen, der für einzelne Elemente kleiner, für andere größer sein kann. Die absoluten Werte der Elementkonzentrationen sind also mit einem beträchtlichen Fehler behaftet. Da aber im Rahmen der vorliegenden Arbeit vornehmlich die Elementverhältnisse ausgewertet werden, spielen die absoluten Konzentrationsangaben eine geringere Rolle.

Neben der Bestimmung der Spurenelementgehalte wurden auch chemische Analysen auf Schwefel, organischen Kohlenstoff und CO_2 durchgeführt, wobei die Analysensubstanz so zusammengewogen war, daß die an einem Horizont beteiligten einzelnen Proben im gravimetrischen Verhältnis ihrer Probenmächtigkeit beteiligt sind.

Die in der Tabelle für die einzelnen Horizonte ermittelten Spurenelementgehalte sind der Durchschnitt aus der in der entsprechenden Spalte aufgeführten Zahl von Einzelanalysen.

Alle Gehalte sind in g/t angegeben. Einige Werte sind auf Grund halbquantitativer Auswertung symbolisch dargestellt:

50 g/t ~ x   100 g/t ~ xx

4. Geochemische Fazies

Die geochemischen Sedimentationsbedingungen in marinen Bereichen lassen sich durch Aussagen über das Redoxpotential, den pH-Wert, die Konzentration bestimmter Minerale, die Anreicherung spezifischer Spurenelemente u. a. charakterisieren. Im wesentlichen werden folgende Fazies unterschieden, die aber in der Natur mannigfaltige Übergänge zeigen:

Sapropelfazies

In diesen Bereichen herrschten sehr stark reduzierende, anaerobe Verhältnisse. Die Oxydations-/Reduktionsgrenze, die das Meerwasser in einen oberen, mit Sauerstoff gesättigten, und einen unteren Teil mit extrem geringem Redoxpotential teilt, liegt über dem Sediment im Wasser. Im Sediment sammelt sich eine große Menge organischer Stoffe (Bitumen). Durch einen sehr hohen Schwefelwasserstoffgehalt bilden sich reichlich Schwermetallsulfide. Diese Sapropelfazies wird durch eine relativ starke Anreicherung des Vanadiums charakterisiert, zu dem in der Regel das Molybdän, seltener Titan eine Parallelität zeigen. Aerobe Organismen können in diesem Bereich nicht existieren. Benthos ist ausgeschlossen, Plankton und Nekton können nach ihrem Tode in den Sedimenten dieser Fazies eingebettet werden und sich dann zum Teil gut erhalten.

Gyttjafazies

Auch hier herrschen noch schwach reduzierende Bedingungen, und die Oxydations-/Reduktionsgrenze im Wasser fällt etwa mit der Oberfläche des Sedimentes zusammen oder liegt etwas darunter. Das Wasser enthält Sauerstoff, wenn auch nur wenig. Im Sediment ist das Redoxpotential sehr niedrig, und es wird Schwefelwasserstoff gebildet, was wieder mit dem Auftreten von Schwermetallsulfiden zusammenhängt. In diesen Bereichen tritt neben eine relative Anreicherung des Vanadiums eine Zunahme von Nickel, Phosphor und Brom. Kupfer und Blei verhalten sich oft wie Nickel. Der Sauerstoffgehalt im Wasser über dem Boden gestattet die Existenz einer Bodentierlebewelt. Sie ist dem Mangel des Wassers an Sauerstoff angepaßt und zeigt als charakteristisches Merkmal Artenarmut.

Frischwasserfazies

Diese Faziesbezirke sind durch einen Überschuß an aktivem Sauerstoff charakterisiert, und der oxydierende Bereich reicht tief in das Sediment hinein. Im Sediment tritt eine gewisse Anreicherung von Eisen und Mangan auf. In solchen Bereichen ist natürlich ein überaus reiches Organismenleben zu finden.

5. Geochemische Fazies der Sedimente der Unterkreide

Mit Hilfe der Spurenelemente und anderer beobachteter Zusammenhänge soll versucht werden, die geochemischen Verhältnisse während der Sedimentation zu charakterisieren. Diesen Folgerungen können Ergebnisse mikropaläontologischer Untersuchungen gegenübergestellt werden.

Zur Geochemie der Sedimente in Westmecklenburg

Wealden

Bei einer speziellen Auswertung der 39 Proben ergeben sich für diesen Horizont zwei wechsellagernde Bildungsbereiche. Während einerseits Proben mit organischem Kohlenstoff an Mangan verarmt sind, nimmt andererseits bei hellen Tonen der Gehalt deutlich zu und hat sein Maximum in den sehr dünnen, hellen Tonlagen der sandigen Horizonte oder der Schluffsteine. Die Bildung der Sedimente mit kohligen Substanzen ging vornehmlich unter sauren, reduzierenden Bedingungen vor sich. Bei solchen Verhältnissen ist Mangan löslich. Es kann im Sediment kaum angereichert werden. Die helleren, sandigen Ablagerungen wurden bei höherem Redoxpotential gebildet, unter dem Mangan schwer löslich ist, so daß hier erhöhte Konzentrationen erklärlich sind.

Hauterive

Das Hauterive beginnt in Westmecklenburg mit einem kalkigen Gestein, das unter einem hohen Redoxpotential sedimentiert wurde, was sich aus den niederen Schwefel-, Kohlenstoff-, Vanadium- und Molybdänwerten ergibt. Zum Hangenden werden die Sedimente toniger, und das Redoxpotential geht deutlich zurück, da die Konzentrationen von Schwefel und Kohlenstoff, vor allem aber Vanadium merklich ansteigen.

Durch den Mikrofossilinhalt wird dieser Sachverhalt bestätigt. Während für die unteren Teile ein großer Faunenreichtum gefunden wurde, verschlechtern sich die Verhältnisse zum Hangenden sichtlich und haben im oberen Unterhauterive ein Minimum.

Barrême

Die dunklen Tonsteine des Barrêmes enthalten große Mengen von Bitumen und Schwefel. Die Durchschnittsgehalte der Bohrungen Werle und Gorlosen steigen für Vanadium sprunghaft an und betragen im Durchschnitt ca. 300 g/t. Im obersten Unterbarrême der Bohrung Werle steigt das Vanadium auf 400 g/t, und auch das Molybdän erreicht mit 50 g/t eine Höchstkonzentration. Nickel und Kupfer nehmen vom Liegenden zum Hangenden kontinuierlich zu. Diese Spurenelementkonzentrationen deuten auf sehr stark reduzierende Bedingungen hin, die in den hangenden Partien ihr Maximum erreichen und dort gewiß einer Sapropelfazies entsprechen.

Mikropaläontologische Untersuchungen ergaben für das Unterbarrême noch gute Lebensbedingungen und eine reiche Fauna, die aber im Mittelbarrême sichtlich zurücktritt. Während in der Bohrung Gorlosen im Oberbarrême noch artenarme, benthonische Fauna auftritt, befindet sich wenige Meter unterhalb der Grenze Barrême—Apt bei der Bohrung Werle ein Faunenschnitt, über dem extrem schlechte Lebensbedingungen herrschten und Benthos völlig fehlt.

Apt

In den mergeligen Proben des Unterapts der Bohrung Werle 3 setzt sich die im Oberbarrême beginnende Tendenz der hohen Konzentration für Vanadium, Molybdän, Nickel und Kupfer in gleicher Weise fort. Die geochemischen Verhältnisse müssen also auch hier durch extrem reduzierende Bedingungen charakterisiert gewesen sein, die von einem hohen Schwefelwasserstoffpartialdruck begleitet waren. An Fossilien wurden in dieser Probe nur planktonische Formen und einige Fischreste gefunden. Der Horizont völliger Freiheit von benthonischer Fauna reicht vom obersten Oberbarrême bis zum Unterapt. In den oberen Teilen des Unterapts zeigt sich wieder eine gute Faunenentwicklung, die zu Verhältnissen mit gutem Sauerstoffangebot im Oberapt überleitet, was sich auch geochemisch durch ein Abfallen der Werte für Schwefel, Kohlenstoff, Vanadium und Molybdän bestätigt.

Alb

Die Proben aller Gebiete zeigen allgemein ein ganz deutliches Zurücktreten der Schwefel-, Kohlenstoff- und Vanadiumwerte, woraus auf eine gute Belüftung des Sedimentationsraums zu schließen wäre. Mikropaläontologisch ergeben sich für alle Sedimente des Oberalbs ausgezeichnete Bedingungen für organisches Leben.

Folgerungen:

a) Aus den geochemischen Fakten (Elementkonzentrationen) lassen sich Aussagen zu den faziellen Verhältnissen der einzelnen Horizonte ableiten. Das betrifft vor allem das Redoxpotential. Die Ergebnisse stimmen gut mit mikropaläontologischen Befunden überein.

b) Der Sauerstoffpartialdruck im unterkretazischen Flachmeer Westmecklenburgs reichte allgemein für eine gute Entwicklung der Organismen aus. Diese Verhältnisse wurden lediglich im oberen Unterhauterive und vor allem an der Grenze Barrême—Apt durch ein Absinken des Redoxpotentials durchbrochen.

c) Die faziellen Verhältnisse der Probenahmepunkte Werle und Gorlosen zeigen, obwohl diese 15—20 km voneinander entfernt liegen, eine deutliche Parallelität. Daraus ist der Schluß gestattet, daß beide Gebiete während der ganzen Unterkreide zu einem zusammenhängen-

Übersicht über die Durchschnittsgehalte an Spurenelementen, S, C_{org} und CO_2 der Unterkreide-Horizonte
Probenahmegebiet Südwestmecklenburg

	Petrographie	Stratigraphie	Probenzahl	% S	% C_{org}	% CO_2	V	Mo	Ni	Co	Zn	Cu	Pb	Mn
Camin	Mergelstein	Mittel- u. Oberalb	10	0,04	0,19	21,81	60	–	100	15	n. b.	30	30	1500
	Mergelstein	Oberapt	2				125	–	90	20	n. b.	35	20	1500
Gorlosen	Mergelstein	Alb	5	0,06	0,33	15,48	175	< 3	45	30	20	30	25	700
	Tonstein	Barrême	2	0,42	1,17	5,34	250	< 3	80	15	50	100	40	200
	Mergelstein	Hauterive	2	0,15	1,03	10,32	175	–	20	10	n. b.	15	40	300
	Tonstein	Hauterive	5	0,08	0,60	9,26	175	< 3	20	10	40	7	40	200
	Kalksandstein	Hauterive	3	0,03	0,29	19,25	90	< 3	15	9	n. b.	6	15	150
Werle	Mergelstein	Oberalb	1	0,03	0,21	21,23	35	–	40	9	n. b.	35	40	1500
	Mergelstein	Unterapt	1	0,80	n. b.	n. b.	400	45	250	15	< 100	200	30	800
	Tonstein	Barrême	3	0,33	1,90	5,89	300	20	125	15	50	125	50	250
	Mergelstein	Hauterive	4	0,13	0,68	8,97	200	–	15	10	n. b.	10	25	70
	Tonstein	Hauterive	4	0,12	1,33	6,99	200	–	100	15	?	8	70	300
	Kalkstein	Hauterive	4	0,03	0,18	37,95	×	–	150	70	n. b.	15	150	3500
	Ton-, Sandstein	Wealden	39	0,64	2,98	0,18	200	< 3	60	10	130	25	80	80

Probenahmegebiet Kleiner Fallstein

	Petrographie	Stratigraphie	Probenzahl	% S	% C_{org}	% CO_2	V	Mo	Ni	Co	Zn	Cu	Pb	Mn
Bohrungen	Flammenmergel	Oberalb	29	0,07	0,37	8,49	60	z. T. < 3	40	7	n. b.	10	20	150
	Minimuston	Mittelalb	14	0,36	0,67	0,92	250	< 3	45	8	150	25	50	80
	Neokomton II	Oberbarrêmo Mittelbarrême	8	1,29	1,50	4,83	350	5	20	15	150	30	50	300
	Neokomton I	Unterbarrême Hauterive	4				350	5	20	15	125	15	35	200
Schacht	Neokomton I	Unterbarrême Hauterive	8	0,89	1,49	4,39	250	4	20	7	90	15	25	150
	Eisenerzlager	Barrême Hauterive	8	0,02	0,30	9,08	200	z. T. < 3	×	40	× ×	100	175	300
	Basalton	Unterhauterive	4	0,25	0,67	6,99	175	z. T. < 3	35	15	300	15	60	300

den Sedimentationsraum mit gleichen geochemischen Bedingungen gehörten.

Zur Geochemie der Sedimente am Kleinen Fallstein

Basalton (Unterhauterive)

Der Vanadiumgehalt in dem stark schwefelhaltigen und bituminösen Ton liegt über dem von Frischwassersedimenten. Auch der Nickelwert ist erhöht. Die Sedimentation hat vermutlich unter Bedingungen eines geringeren Sauerstoffangebots stattgefunden. Die mikropaläontologischen Untersuchungen erbrachten eine gut entwickelte benthonische Fauna.

Eisenerzlager (Hauterive — Barrême)

Diese an Schwefel und Kohlenstoff deutlich verarmten Horizonte wurden unter oxydierenden Bedingungen abgelagert. Die zum Teil höheren Spurenelementgehalte begleiten die größeren Eisenkonzentrationen und können zu faziellen Aussagen nur bedingt herangezogen werden. Der paläontologische Befund bestätigt einen hohen Sauerstoffpartialdruck.

Neokom I (Hauterive, Unterbarrême)

Die dunklen Schiefertone, die das Zwischenmittel der Erzlager bilden, haben hohe Gehalte an Schwefel und Bitumen. Während im Bereich der Bohrung das Vanadium ein ausgesprochenes Maximum zeigt, liegen die Konzentrationen bei den Proben aus dem Schacht niedriger. Die geringen Mengen des Molybdäns zeigen die gleiche Tendenz. Kobalt, Zink und Blei passen sich den Gegebenheiten an. Lediglich Nickel und Kupfer liegen in den Werten niedriger. Aus diesen Verhältnissen ist zu schließen, daß in beiden Gebieten anaerobe Bedingungen herrschten, die mindestens im Bereich der Bohrung einer Sapropelfazies entsprachen. Im Schachtgebiet, das von der Bohrung etwa 1500 m entfernt liegt, waren die Bedingungen nicht so extrem, so daß trotz dieses kurzen Abstandes Schwankungen in den geochemisch-faziellen Gegebenheiten vorliegen. Auffällig war bei den Proben aus dem Schacht ein kontinuierlicher Anstieg des Vanadiumgehaltes zum Hangenden, woraus auf eine Abnahme der aeroben Verhältnisse in gleicher Richtung geschlossen werden kann. Mikropaläontologisch konnte diese Tendenz bestätigt werden. Allgemein deuteten paläontologische Befunde auf Sauerstoffmangel in diesem Horizont hin. Benthos war zum Teil noch vorhanden. Einzelne Bohrungen zeigten aber 5—10 m mächtige fossilfreie Horizonte. Proben aus dem Schachtgebiet erbrachten gleiche Ergebnisse.

Neokomton II (Mittel- und Oberbarrême)

Im Hangenden des Oberen Rollerzlagers folgt ein dunkler Schieferton mit viel Bitumen und Schwefel. Die Gehalte an Vanadium und Molybdän liegen bei geringen Werten für Nickel sehr hoch. Diese Bedingungen deuten auf ein stark reduzierendes Milieu (Sapropelfazies) hin. Mikropaläontologische Untersuchungen ergaben für diese Horizonte aus mehreren Bohrungen völlige Fossilfreiheit.

Minimuston (Mittelalb)

Bei diesem Gestein geht der durchschnittliche Gehalt an Schwefel, Kohlenstoff, Vanadium und Molybdän zurück, wogegen Nickel ansteigt. Glaukonit und Phosphorit sind häufig im Sediment enthaltene Minerale. Im Vergleich zum Neokom II war während der Sedimentation des Minimustons ein besseres Sauerstoffangebot vorhanden, was eventuell Gyttjabildungen entsprach. Mikropaläontologisch wurde eine reiche Fauna mit vielen benthonischen Formen nachgewiesen.

Flammenmergel (Oberalb)

Gegenüber den anderen Horizonten der Unterkreide hat der Flammenmergel die geringsten Spurenelementkonzentrationen. Vanadium zeigt ein ausgesprochenes Minimum. Es muß mindestens ein schwach oxydierendes Medium vorhanden sein, da auch die Schwefel- und Kohlenstoffwerte ausgesprochene Minima aufweisen. Mikropaläontologische Untersuchungen ergaben für mehrere Bohrungen im Flammenmergel völlige Fossilfreiheit. Diese Verhältnisse sind von den gefundenen geochemischen Bedingungen aus schlecht zu erklären, da ein recht hohes Sauerstoffangebot vorhanden war und keine Faktoren auffielen, die ein Organismenleben hätten verhindern können.

Folgerungen:

a) Mit Hilfe der Elementkonzentrationen und -verhältnisse konnten auch für die Sedimente der Unterkreide am Kleinen Fallstein fazielle Angaben gemacht werden, die im allgemeinen durch mikropaläontologische Befunde bestätigt werden.

b) Überwiegend herrschte während der Sedimentation ein Mangel an Sauerstoff, der erst mit dem Mittelalb abzuklingen beginnt und nur durch die oxydierenden Bedingungen während der Ablagerungen der Brauneisenerzlager eine gewisse Unterbrechung fand.

c) Wie aus den Sedimentationsbedingungen während des Neokoms I ersichtlich ist, scheinen sich die geochemischen Fazies am Kleinen Fallstein räumlich schon in engeren Bereichen zu ändern.

6. Ergebnisse

Geologie

Wenn man die Faziesaussagen über die gesamten Horizonte der Unterkreide zusammenfassend überblickt, so tritt für das Probenahmegebiet Kleiner Fallstein eine deutliche Tendenz zu sauerstoffärmeren Sedimentationsbedingungen gegenüber den Verhältnissen in Westmecklenburg hervor. Am Kleinen Fallstein herrschte vom Unterhauterive bis zum Mittelalb ein ständiger, mehr oder weniger starker Sauerstoffmangel. Im mecklenburgischen Raum dagegen scheinen die Verhältnisse gerade umgekehrt zu liegen, so daß dort vornehmlich oxydierende Bedingungen existierten, die nur für jeweils kürzere Zeiten durch ein geringeres Redoxpotential unterbrochen wurden.

Während sich im Probenahmegebiet am Kleinen Fallstein die geochemischen Verhältnisse eines Horizonts schon in Bereichen von 1000—1500 m ändern, zeichnen sich die geochemischen Bedingungen in Mecklenburg in einem Zeitabschnitt durch eine größere regionale Gleichförmigkeit aus.

Auffällig ist die Gleichzeitigkeit der Bedingungen des größten Sauerstoffmangels in Westmecklenburg und am Kleinen Fallstein. Das wahrscheinlich geringste Redoxpotential an der Barrême—Apt-Grenze aus dem Bereich des Südwestmecklenburgischen Troges fällt in die Zeit der sapropelitischen Bildungen des Oberbarrêmes vom Kleinen Fallstein. Die Gleichzeitigkeit ist praktisch als gesichert anzunehmen, obwohl eine genaue Horizontierung der oberen Grenze des Neokomtons II vom Kleinen Fallstein nicht möglich ist, da völlige Fossilfreiheit eine exakte Horizontierung nicht gestattet. Eine solche weiträumige Einheit der geochemischen Fazies kann eventuell in einzelnen Fällen Bedeutung bei Aussagen über stratigraphische Fragen haben.

Geochemie und Fazies

Mit Hilfe der Spurenelementkonzentrationen und -verhältnisse ließen sich über die geochemischen Fazies für die Sedimente der Unterkreide Aussagen machen, die sich vor allem auf das Redoxpotential beziehen. Neben den Werten für Schwefel und organischen Kohlenstoff spielen die Gehalte an Vanadium, Molybdän und Nickel eine besondere Rolle.

Die geochemischen Faziesaussagen ließen sich durch mikropaläontologische Befunde meist bestätigen. Das unterstreicht den engen Zusammenhang von geochemischen Bedingungen und den Möglichkeiten der Ent-

Zeitschrift für angewandte Geologie (1963) Heft 12

wicklung des Lebens in bestimmten Bereichen. Beziehungen dieser Art wurden auch von E. T. Degens u. a. (1960, S. 200) für den Buntsandstein und Muschelkalk bei Schwankungen des Ca/Mg-Verhältnisses beobachtet. Gleichfalls bestätigt wurden die Beziehungen zwischen geochemischer Fazies und Faunenentwicklung durch die Arbeit von B. Grunert (1960).

Der Zusammenhang von geochemischen und biologischen Momenten während der Sedimentation verdeutlicht auf anschauliche Weise die wirkliche „Vielkomponentenhaftigkeit" der geologischen Fazies (Daber 1963). Diese erschöpft sich nicht in der Litho- oder Biofazies, sondern bedarf auch einer Ergänzung durch geochemische Fakten, da der Faziesbegriff seit Gressly (1836) eine gewaltige Entwicklung erfahren hat und heute eine große Zahl verschiedener Momente beinhaltet.

Daraus ergibt sich auch die Bedeutung geochemischer Faziesuntersuchungen. Für eine eng abgegrenzte Zielsetzung sind sie von unmittelbarem Wert, wobei bio- oder lithofazielle Momente weitgehend vernachlässigt werden können. Soll aber die allgemeine Fazies einer geologischen Einheit bestimmt werden, reicht die geochemische Charakteristik allein nicht aus, und ihr Wert ergibt sich erst aus der Ergänzung und Verbindung mit Aussagen über die anderen einzelnen faziellen Komponenten. In diesem Rahmen müssen auch die vorliegenden geochemischen Faziesaussagen zu den Sedimenten der Unterkreide gesehen werden.

Zusammenfassung

Auf Grund von Konzentrationen an Spurenelementen, Schwefel, Kohlenstoff und CO_2 werden Aussagen zur geochemischen Fazies von Sedimenten der Unterkreide in Westmecklenburg und dem Kleinen Fallstein (nördliches Harzvorland) gemacht. Dabei handelt es sich vornehmlich um Schätzungen des Redoxpotentials. Mikropaläontologische Arbeitsergebnisse bestätigen die Aussagen der chemischen Daten und Elementverhältnisse. In beiden Bereichen wurde ein Wechsel der reduzierenden und oxydierenden Sedimentationsbedingungen beobachtet. Während allgemein das Sauerstoffangebot im westmecklenburgischen Bereich besser war als am Kleinen Fallstein, liegt ein absolutes Minimum des Redoxpotentials in beiden Gebieten an der Grenze Barrême—Apt.

Резюме

На основе концентраций микроэлементов, серы, углерода и CO_2 делаются высказывания о геохимической фации осадочных прод нижнего мела в Западном Мекленбурге и у Малого Фальштейна (область северного предгорья Гарца). При этом прежде всего речь идет об оценке восстановительно-окислительного потенциала. Выводы, сделанные на основе геохимических данных и соотношений элементов, подтверждаются микропалеонтологическими результатами. В обеих областях наблюдалась смена восстановительных и окислительных условий осадконакопления. Хотя количество имевшегося кислорода в области Западного Мекленбурга было выше чем на малом Фалшьтейне, в обеих областях имеется абсолютный минимум восстановительно-окислительного потенциала на границе баррема и апта.

Summary

Based on concentrations of trace elements, sulphur, carbon and CO_2 information is given of the geochemical facies of sediments of the Lower Cretaceous in West Mecklenburg and at Kleiner Fallstein (northern foreland of the Hartz Mountains). The chemical data and element conditions are mainly concerned with estimates of the oxidation-reduction potential, and are confirmed by micropalaeontological test results. In both areas a change of the reducing and oxidizing conditions of sedimentation was observed. While, for the most part, the supply of oxygen in the area of West Mecklenburg is better than at Kleiner Fallstein, an absolute minimum of the oxidation-reduction potential is found in both areas at the Barrême—Apt boundary.

Literatur

Bach, I.: Mikrofauna und Geochemie als Indikatoren zur Erkennung der Fazies der Unterkreide im Gebiet des Kleinen Fallsteins. – Vortrag a. d. 10. Jahrestagung d. geol. Ges. i. d. DDR; Leipzig 14. 5. 1963.

Daber, R.: Paläobotanik und Fazies. – Vortrag a. d. 10. Jahrestagung d. geol. Ges. i. d. DDR; Leipzig 14. 5. 1963.

Degens, E. T., G. Knetsch & H. Reiter: Ein geochemisches Buntsandstein-Profil vom Schwarzwald bis zur Rhön. – N. Jb. Geol. Paläont., Abh. 111, 1, 181–233, Stuttgart 1960.

Grunert, B.: Die Foraminiferen der im Tagebau Edderitz (Kreis Köthen) aufgeschlossenen Rubeltonprofile unter besonderer Berücksichtigung der ökologischen und faziellen Wechselbeziehungen. – Freiberger Forsch.-H., C 86, S. 5–49, Berlin 1960.

Guntau, M.: Geochemische Untersuchungen an Sedimenten der Unterkreide in Südwestmecklenburg und am Kleinen Fallstein. – Unveröff. Diplomarbeit am Inst. f. Mineralogie u. Lagerstättenlehre der Bergakademie Freiberg, 1958.

– Geochemische Untersuchungen an Sedimenten der Unterkreide in Südwestmecklenburg und am Kleinen Fallstein (Autorreferat). – Geologie, 8, H. 8, S. 909 (1959).

Litvin, J. J.: Spurenelemente in Unterkreidesedimenten der Dnepr–Donez-Senke. – Dokl. Akad. nauk SSSR, 139, S. 450–452, Moskau 1961 (russ.).

Wienholz R.: Die Entwicklung Westmecklenburgs vom Keuper bis zur Unterkreide. – Z. angew. Geol., 5, H. 6, S. 244–249 (1959).

Zur Ermittlung des Grundwasserdargebots[1)]

Einige praktische Erfahrungen der Bezirksstelle für Geologie, Dresden

Friedhelm Präger, Dresden

Eine Klassifizierung der „Grundwasservorräte" wurde von J. Zieschang (1961) usw. lebhaft empfohlen. Dabei ging es im wesentlichen darum, daß das Grundwasser trotz seiner anerkannten Besonderheiten gegenüber festen mineralischen Rohstoffen wie eine Lagerstätte behandelt und klassifiziert werden sollte. R. Hohl (1961, S. 639) wandte sich gegen diese Auffassungen: „Im Gegensatz zu Zieschang (1961) hält es Verf. nicht für angebracht, mit den zur Verfügung stehenden Methoden Grundwasservorräte in Vorratsgruppen ... zu bilanzieren, wie sie bei der Berechnung und Klassifikation fester mineralischer Rohstoffe angewendet werden. Der Rohstoff Grundwasser gehorcht anderen Gesetzen und ist mit sonstigen mineralischen Lagerstätten nicht vergleichbar. Aus diesen Gründen ist für Grundwasservorräte eine andersartige Klassifikation und Berechnung nötig, die auf Grund komplexer Forschung noch zu erarbeiten wäre."

H.-J. Weder (1962) schloß sich der Meinung von Zieschang an und schreibt am Schluß seiner Ausführungen (S. 404): „Verf. versucht nachzuweisen, daß Grundwasserlagerstätten prinzipiell gleichen Gesetzen

[1)] Eingang des Manuskripts in der Redaktion: 9. 5. 1963.

unterliegen wie Lagerstätten anderer Minerale und daß sich aus der Gebundenheit des Grundwassers an den Wasserkreislauf nur eine Besonderheit des Grundwassers ergibt, die bei hydrologischen Untersuchungen zusätzlich zu berücksichtigen ist ..." WEDER betont (s. 402), „daß es ohne ‚statische' Grundwasservorräte keine Vorräte des natürlichen Grundwasserdargebotes geben kann, daß sich der ‚Abbau' in der Regel auf die Vorräte des natürlichen Grundwasserdargebotes bezieht und daß diese deshalb dauernd gewinnbar sind, weil sie am Wasserkreislauf teilnehmen". Daraus ergibt sich allerdings nicht die Schlußfolgerung, die WEDER (s. o.) gezogen hat, sondern daß das Typische die Teilnahme am Wasserkreislauf, d. h. die Wiederauffüllung der Grundwasserleiter, ist.

ZIESCHANG (1963) „präzisierte" nunmehr seine Vorschläge. Er schreibt (S. 137): „Es ist somit auch angebracht, nicht mehr von Vorräten des natürlichen Grundwasserdargebotes zu sprechen, sondern als Grundwasserdargebot ... die Grundwassermenge zu bezeichnen, die auf natürlichem Wege durch Versickerung oder Versinkung von Niederschlägen oder Oberflächenwasser laufend ergänzt wird." Seine neue Klassifikation des Grundwassers geht nun von bei ihm völlig neuen Gesichtspunkten aus. Er spricht, einfacher ausgedrückt, nur noch von:

„gewonnenem" Grundwasser — Klasse A (Grundlagen für die Gewinnung)
„nachgewiesenem" Grundwasser — Klasse B (Grundlagen für die Projektierung)
„vermutetem" Grundwasser — Klasse C (Grundlagen für die Perspektivplanung)

Das kann doch nicht mehr gut als Klassifikationsschema angesehen werden! Wie es scheint, stehen wir statt am Ende einer Diskussion erst an deren Anfang.

Zur Definition verschiedener Begriffe

Wir haben immer betont, daß wir als „Grundwasservorräte" nur die Wassermengen betrachten, die ständig durch Versickerung und Versinkung natürlich oder künstlich ergänzt werden. Wie ZIESCHANG richtig bemerkt, sollte man deshalb nicht von Grundwasservorräten sprechen, da für die Dauernutzung nur der Zufluß entscheidend ist. Deshalb muß man auch statt Gewinnung von Grundwasser Bewirtschaftung des Grundwasserleiters sagen.

Ziel einer hydrogeologischen Erkundung muß die Ermittlung der unterirdischen Abflußspende sein. PRÄGER & WISSEL (1962) verstehen darunter den effektiven Versickerungsanteil des Niederschlags, der, auf die Flächeneinheit bezogen, in der Zeiteinheit die grundwasserleitenden Horizonte erreicht und theoretisch gewinnbar ist. Das Grundwasserdargebot i. w. S. (s. auch ZIESCHANG 1963, S. 137) ist dagegen nach unserer Auffassung die Gesamtheit der Grundwasserneubildung, auch die der künstlich erzeugten, die gewinnbar ist.

Zur Klassifikation des Grundwasserdargebotes

Bei einer Grundwasservorratsklassifikation müssen grundsätzlich andere Methoden als bei festen mineralischen Rohstoffen angewendet werden, und andere Kriterien müssen für eine Einteilung der grundwasserhöffigen bzw. erkundeten Gebiete in Klassen ausschlaggebend sein. Wir sind heute noch weit entfernt, dabei alle Faktoren zu übersehen und als Grundlage zu einer realen Klassifizierung zu verwenden.

Inzwischen wurde in Budapest auf der Tagung einer RgW-Kommission ein Klassifikationsschema zur Berechnung des Grundwasserdargebots beschlossen. Jetzt geht es nunmehr darum, die Direktiven dazu zu diskutieren und zu formulieren. Es sollten sich deshalb alle Geologen, Hydrogeologen usw. an dieser Diskussion beteiligen, damit alle Faktoren zur Berechnung des Grundwasserdargebots berücksichtigt werden.

Unsere Bemühungen sollten sich vor allem auf die hydrogeologische Kartierung konzentrieren. Sicher gewinnt man dabei neue wertvolle Erkenntnisse, denn die bisherigen Vorschläge WEDERs und ZIESCHANGs sind nicht für alle Typen von Grundwasserfeldern ausreichend.

Zur Berechnung des Grundwasserdargebotes

ZIESCHANG (1963) empfiehlt im Anschluß an seine Erläuterung des Grundwasserdargebots eine Methode zur Berechnung desselben. Es erscheint uns deshalb notwendig, einige Grundzüge hydrogeologischer Arbeiten im Bezirk Dresden näher zu erläutern.

Der „Grundwasserabflußspendenschlüssel", nach dem wir im Prinzip auch arbeiten, ist nicht allgemein, sondern nur in geologisch einfach gebauten bzw. gut bekannten Gebieten anwendbar. Gerade in der Lausitz z. B. hat sich gezeigt, daß das unterirdische Einzugsgebiet nicht immer mit dem Flußgebiet zusammenfällt. Das Grundproblem ist deshalb die durch geologische und geophysikalische Methoden zu erarbeitende Festlegung des unterirdischen Einzugsgebiets. ZIESCHANG (1963, S. 138) betont ebenfalls die Bedeutung der übrigen Faktoren wie „Aufbau und Beschaffenheit der teilweise weniger durchlässigen Deckschichten" für die Grundwasserneubildung. Er schränkt die Anwendung seines „Grundwasserabflußspendenschlüssels" durch die Voraussetzung entsprechend „aufnahme- und weiterleitungsfähiger Grundwasserleiter" ein.

Demnach ist der „Schlüssel„ nur in wenigen Gebieten tatsächlich sinnvoll anwendbar, weil er die vielfältigen Faktoren der Grundwasserneubildung und des Weges des Grundwassers vom Versickerungs- zum Gewinnungsgebiet nicht berücksichtigt. Selbst unter ZIESCHANGs Einschränkung, daß nach diesem Verfahren nur das Grundwasserdargebot seiner Klasse C berechnet werden kann, ist dieses zu grob. Es können hiermit nur „prognostische Vorräte" im übertragenen Sinne geschätzt werden.

Um einigermaßen glaubwürdige Werte als Grundlage zur Perspektivplanung erhalten zu können, muß man noch viele andere Faktoren berücksichtigen. Einige seien hier der Reihenfolge ihrer nötigen Ermittlung nach erläutert:

1. Festlegung des unterirdischen Einzugsgebiets mit geologischen und geophysikalischen Methoden und dessen Beziehungen zum oberirdischen der Flußgebiete;
2. Einschätzung der Versickerungsbedingungen der Niederschläge im Einzugsgebiet (Bodenbedeckung, Relief, Be-

wuchs, Nutzung, Drainierung, Zustand der Gräben und sonstige Vorfluter im Versickerungsgebiet), um beurteilen zu können, ob die Niederschläge schnell oder langsam abgeleitet werden;

3. Nachweis genügend mächtiger und durchlässiger Grundwasserleiter, um die versickernden Wassermengen zu fassen und unterirdisch abzuleiten, Klärung der Beziehungen zwischen Grund- und Oberflächenwasser;

4. Möglichkeiten der Fassung des Grundwassers in eng begrenzten Gebieten und Aussagen über wahrscheinliche Fassungslängen;

5. Beachtung der Wasserqualitäten und auftretender technischer Fragen hinsichtlich der Fassung.

6. Teilweise muß in diesem Erkundungsstadium schon die Auswertung vorhandener Daten von Brunnen bzw. Quellen und evtl. die Durchführung von Pumpversuchen und Durchlässigkeits- bzw. Durchflußberechnungen erfolgen.

Diese Daten könnte man auch teilweise mittels großmaßstäblicher Höffigkeitskarten kartieren. Ziel der Arbeiten muß die Ermittlung der unterirdischen Abflußspende sein. Erst nach Durchführung dieser Arbeiten sollten Bohrungen zum Nachweis einer bestimmten Wassermenge in einem begrenzten Raum mit einer bestimmten Zielstellung niedergebracht werden. Wir müssen endlich von dem noch vielfach angewandten Verfahren wegkommen, irgendwelche Gebiete mit festgelegter Aufgabenstellung ohne diese Vorarbeiten durch Bohrungen aufzuschließen. Ziel der Reorganisation der Hydrogeologie in der DDR muß es sein, in Gebieten mit erhöhtem Wasserbedarf nicht für bestimmte Verbraucher zu erkunden, sondern mit o. a. Methoden und Zielstellungen grundwasserhöffige Räume als Ganzes zu untersuchen. Diesen Vorlauf müssen wir mit allen Mitteln schnellstens erreichen. Den Wasserwirtschaftsdirektionen und den staatlichen bzw. örtlichen Organen muß es dann überlassen bleiben, die Verteilung des nachgewiesenen Grundwasserdargebotes eines ganzen Raumes auf die Verbraucher vorzunehmen und die von den Hydrogeologen vorgeschlagene Bewirtschaftung der Grundwasserleiter zu überwachen.

Beispiele zur Methodik hydrogeologischer Untersuchungen im Bezirk Dresden

Aus den obigen Darlegungen ergibt sich die z. Z. gebräuchliche Methodik, die im Laufe der bisherigen Arbeit der Bezirksstelle Dresden entwickelt wurde. Wir sind in diesem Bezirk in der Lage, die unterirdische Abflußspende und z. T. auch schon das Grundwasserdargebot größerer Gebiete zu übersehen. Es mag sein, daß dies eine Besonderheit für den Bezirk Dresden und ein Ergebnis der Arbeit der Bezirksstelle für die Perspektivplanung ist. Es trifft auch nur für bestimmte Teile des Bezirks zu. In größeren Flußtälern und im Urstromtal sind solche Berechnungen sehr schwierig, und es wird noch eine geraume Zeit bis zur endgültigen Lösung der Probleme vergehen.

Man kann den Bezirk Dresden in Anlehnung an Neef (1960) in folgende Gebiete einteilen, die sich auch hydrogeologisch unterscheiden:

Nordsächsisches Flachland

Dazu zählen die Ruhland—Königsbrücker Heiden und die Oberlausitzer Heide- und Teichgebiete.

Sächsische Gefildezone

Hierzu gehören das Mittelsächsische Lößgebiet und das Oschatzer Hügelland, das Dresdner Elbtalgebiet und das Elbtal unterhalb von Meißen, die Großenhainer Pflege, die Lausitzer Platte, das Nordwestlausitzer Hügelland, das Lausitzer Gefilde und das Oberlausitzer Hügelland und Neißegebiet.

Mittelgebirgszone

mit dem Lausitzer Bergland, dem Zittauer Gebirge, dem Elbsandsteingebirge und den Kreidevorkommen im unteren Osterzgebirge und Tharandter Wald, dem Unteren Osterzgebirge mit Döhlener Becken und dem Oberen Osterzgebirge mit Teplitzer Quarzporphyr und Granitporphyr.

Die anzuwendenden Methoden sind wegen der unterschiedlichen hydrogeologischen Verhältnisse in den einzelnen Gebieten verschieden, die Problemstellung aber ist die gleiche. Eine Erläuterung dieser Hinweise soll an anderer Stelle erfolgen. Zwei Beispiele solcher komplexen Arbeiten in verschiedenen Gebieten seien hier kurz erörtert.

Hydrogeologische Untersuchungen in der Dippoldiswalder Heide

Die Gemeinden Dippoldiswalde (Steinborn), Malter (Steinborn), Oelsa (Diebsgrund) und Karsdorf haben Grundwasserfassungen in der Dippoldiswalder Heide liegen. Es handelt sich um ein isoliertes Kreidevorkommen auf dem Gneis des Erzgebirges. Durch eine von Dr. K. A. Tröger, Freiberg, und dem Verf. im Jahre 1960 vorgenommene Kartierung wurde folgendes stratigraphisches Profil ermittelt:

Cenoman {
Unterquader
Basiskonglomerat
Sandsteine u. Schiefertone der Stufe des Crednerien
Grundschotter
}

Gneis, rot verlehmt

Die Mächtigkeiten der einzelnen Schichten des Cenomans hängen primär von den paläogeographischen Verhältnissen und sekundär vom tektonischen Bau dieses Gebiets ab. Im Süden der Dippoldiswalder Heide liegt die Wendischkarsdorfer Verwerfung, an der die Schichten des Rotliegenden gegen die Kreidesandsteine verworfen sind. Durch ein Netz von parallel und senkrecht dazu verlaufenden Störungen ist das ganze Gebiet schachbrettartig zerlegt worden. Deshalb ist das sonst hydrogeologisch einheitliche Gebiet in kleine Teilfelder aufgegliedert. Die unterirdischen Einzugsgebiete fallen nie mit den oberirdischen zusammen. Deshalb hängen die Ergiebigkeiten der Brunnen und die Schüttung der Quellen in erster Linie von den tektonischen Verhältnissen des Gebiets ab.

Auf der Grundlage von Lesestein- und Quellkartierungen konnten die Einzugsgebiete festgestellt werden. Anschließend wurden Schüttungsmessungen von Quellen und Brunnen ausgewertet, der oberirdische Abfluß zu den verschiedenen Jahreszeiten beobachtet und so die Versickerungsbedingungen der Niederschläge ermittelt. Die unterirdische Abflußspende beträgt im Gebiet der Dippoldiswalder Heide ca. 4,5 $l/s/km^2$. Gleichzeitig konnten die günstigsten Stellen zur Fassung des Grundwassers angegeben werden. Die Quelle des Steinborns zur Wasserversorgung der Stadt Dippoldiswalde und der Gemeinde Malter liegt z. B. an der Flanke einer flachen Einmuldung von Sandsteinen der Crednerienstufe nahe einer Verwerfung mit wenigen Meter Sprunghöhe. Deshalb sind die niederschlagsbedingten Schwankungen der Quelle, die mit einer Verzögerung von 4—6 Wochen auftreten, sehr groß. Schürfungen im Muldentiefsten ergaben günstigere Ergebnisse. Die Aufschlußarbeiten sind teilweise noch nicht abgeschlossen.

Arbeiten zur Wasserversorgung der Stadt Stolpen bei Helmsdorf

Nachdem im Jahre 1960 ein größeres Erkundungsprogramm anderer Dienststellen in diesem Gebiet wenig erfolgreich verlaufen war, brachten Ende 1960 Bohrungen der Bezirksstelle für Geologie im gleichen Raum günstige Ergebnisse. Die Bohrungen standen in einer mit glaziären Ablagerungen ausgefüllten Depression der Granodioritoberfläche, die mehrere hundert Meter von der Aue der Wesenitz entfernt liegt und von dieser durch einen Granodioritrücken getrennt ist. Das stratigraphische Profil der erbohrten Ablagerungen sieht nach Untersuchungen des Verf. folgendermaßen aus:

Lößlehm	
Schmelzwassersande Moräne	2. Elster-(Mindel-)Vorstoß
Schmelzwassersande Bänderton Flußschotter Schmelzwassersande Moräne bzw. Blockzone	1. Elster-(Mindel-)Vorstoß
Granodiorit	

Bereits 1961 wurde dieses höffige Gebiet zur Wasserversorgung der Stadt Stolpen näher untersucht. Dabei war zunächst unverständlich, wieso in dem kleinen Einzugsgebiet von nur 0,8 km² ein Pumpversuch eine Ergiebigkeit von 8,2 l/s bei geringer Absenkung des Wasserspiegels nachweisen konnte. Bohrungen an den Grenzen des oberirdischen Einzugsgebietes ergaben, daß in nördlicher Richtung die Grenzen des unterirdischen nahezu mit denen des oberirdischen Einzugsgebietes zusammenfallen. Nach Auswertung aller die Neubildung von Grundwasser beeinflussenden Faktoren, wie Niederschlagswert, Relief des Gebiets, Bodenbedeckung, Bewuchs, Mächtigkeit und Durchlässigkeit der wasserleitenden Schichten, oberirdischer Abfluß usw., konnte ein Versickerungsanteil von ca. 15% der Niederschläge angenommen werden. Es ergab sich also eine unterirdische Abflußspende von insgesamt ca. 3,8 l/s.

Die gepumpte Wassermenge (8,2 l/s) ist demnach mehr als doppelt so groß wie die Menge, die auf natürlichem Wege durch Versickerung der Niederschläge ergänzt wird. Bekanntlich kann ja nur die Menge Wasser einem Grundwasserleiter entnommen werden, die ständig ergänzt wird. Die Depression in der Granodioritoberfläche ist analog zu anderen Gebieten in der Oberlausitz (PRÄGER 1963) ein Stück eines präglazialen Tales. Pleistozängeologische Untersuchungen, die Konstruktion der Granodioritoberkante und die Auswertung geophysikalischer Sondierungsprofile ergaben einen hydraulischen Zusammenhang des Bohrgebiets mit der Wesenitzaue. So konnte die Frage einer erhöhten Entnahme trotz des scheinbar kleinen Einzugsgebiets positiv beantwortet werden. Die endgültigen Angaben muß die sorgfältige Auswertung der Daten des Wasserwerks liefern, welches hier gebaut wird.

Auch hier bilden demnach geologische Untersuchungen das Kriterium für den Einsatz des „Grundwasserabflußspendenschlüssels" und seine Korrektur.

Anders sind die Arbeitsmethoden natürlich in Urstromtälern, breiten Flußauen und Schotterfluren, wo man das Einzugsgebiet nicht oder nur schwer festlegen kann bzw. wo der hydrauliche Einfluß des Flusses in viel stärkerem Maße wirkt. Dort handelt es sich bei der Problemstellung doch in erster Linie immer noch um einen technischen Nachweis der Wassermenge mit hydrologischen Berechnungen (THIEM, DARCY, TRUELSEN u. a.).

Die Bestimmung der unterirdischen Abflußspende mit dem „Schlüssel" nach ZIESCHANG kann deshalb nicht wie vorgeschlagen ein allgemeines Verfahren, sondern nur der erste Weg sein, der ganz selten allein, aber in den meisten Fällen mit oder nach anderen Untersuchungen angewandt werden sollte.

Zusammenfassung

Nach einigen Bemerkungen zu in der Literatur vorangegangenen Diskussionen über eine Klassifikation der „Grundwasservorräte" nimmt Verf. zur Definition des Grundwasserdargebots und der unterirdischen Abflußspende Stellung. Anhand von zwei Beispielen wird die Methodik der hydrogeologischen Erkundung im Bezirk Dresden erläutert.

Резюме

После некоторых замечаний к предшествовавшей литературной дискуссии о классификации запасов подземных вод автор излагает свои взгляды к вопросу терминологического определения ресурсов подземных вод и модуля подземного стока. На двух примерах разъясняется методика гидрогеологической разведки округа Дрезден.

Summary

Some observations on previous discussions concerning the classification of ground-water resources are followed by the author's comment on the definition of ground-water resources and subterranean yield. Two examples are given to discuss the technique of hydrogeological exploration in the district of Dresden.

Literatur

HOHL, R.: Zur Klassifikation von Grundwasservorräten. — Z. angew. Geol., **7**, 12, 636—640, Berlin 1961.

NEEF, E.: Die naturräumliche Gliederung Sachsens. — Sonderdruck aus den „Sächsischen Heimatblättern", 1960.

PRÄGER, F.: Hydrogeologische Probleme in der Oberlausitz. — Abh. u. Ber. Naturkundemus. Görlitz, **37**, 2, 117—121, Leipzig 1962.

— Beiträge zur stratigraphischen Gliederung des Altpleistozäns in der Oberlausitz. — Diss. an der Math.-Nat. Fakultät Halle, 1963 (unveröff.).

PRÄGER, F. & D. WISSEL: Zur Organisation der Grundwassererkundung und Grundwassererschließung im Bezirk Dresden. — WWT, **12**, 1, Berlin 1962.

WEDER, H.-J.: Zur Grundwasservorratsklassifikation. — Z. angew. Geol., **8**, 8, 401—404, Berlin 1962.

ZIESCHANG, J.: Zur Klassifikation der Grundwasservorräte. — Z. angew. Geol., **7**, 6, 312—314, Berlin 1961.

— Zur Grundwasserklassifikation und zur Analyse des Grundwasserdargebotes. — Z. angew. Geol., **8**, 3, 137—140, Berlin 1963.

Gutachten der Bezirksstelle für Geologie, Dresden, unveröff.

Zeitschrift für angewandte Geologie (1963) Heft 12

Zwei gravimetrische Analoggeräte[1]

JIŘI ŠAMŠULA, IVO SERBA & ZDENĚK BÖHM, Brno

Auf dem gesamten Gebiet der „angewandten Geologie" bricht das „Zeitalter der Geophysik" an. Unter diesem Gesichtspunkt bringen wir diese Arbeit aus der Feder unserer tschechoslowakischen Freunde, um an diesem Beispiel die Methoden technischer Aufbereitung der Geophysik für ihren Einsatz zur Lösung geologischer Probleme zu demonstrieren.

Bei der Verarbeitung und Interpretation von gravimetrischen Messungen ist es bisher notwendig gewesen, eine Reihe von äußerst zeitraubenden mechanischen Rechen- und graphischen Zählarbeiten durchzuführen. Darum bemüht man sich, in den Verarbeitungsprozeß im weitesten Maße die moderne Technik mit Auswertungsmaschinen einzuführen. Es ist derzeit noch nicht möglich, eindeutig zu entscheiden, ob es vorteilhafter ist, Ziffernrechenmaschinen oder Analoggeräte zu verwenden. Gegenwärtig benutzt man beide. Universalzifferngeräte haben größere Verwendungsmöglichkeiten (ein Gerät für mehrere Aufgaben), sind aber kostspieliger. Die Programmierung ist schwieriger. Analoggeräte sind hingegen weniger genau und meist nur für einen einzigen Zweck verwendbar. In der Folge werden zwei Analoggeräte beschrieben, deren Funktionsmodelle im Institut für angewandte Geophysik in Brno entwickelt worden sind.

I. Das erste Gerät

stellt im wesentlichen eine elektrische Analogie des zweidimensionalen Transparents nach GAMBURZEW dar und dient insbesondere der Lösung bzw. Modellierung einer indirekten gravimetrischen Aufgabe. Das Transparent enthält ein System von Feldern, die durch Parallellinien und ein Strahlenbündel abgegrenzt werden. Die einzelnen Felder stellen senkrechte Schnitte von unendlich langen prismatischen Körpern dar, deren Schwerewirkung im Scheitelpunkt des Strahlenbündels — des Anfangs des Transparents — für jeden dieser Körper gleich groß ist. Die Berechnung wird praktisch so durchgeführt, daß die Zahl der Felder summiert wird, die in den Umriß des senkrechten Schnitts des zweidimensionalen Körpers hineinfallen, dessen Schwerewirkung zu berechnen ist. Die Summe wird mit einer Konstanten multipliziert, die dem Maßstab des Schnittrisses und der Differenzdichte des Körpers proportional ist. Der resultierende Wert drückt die anomale Schwerewirkung des so gewählten Körpers am Anfang des Transparents aus. Durch sein Verschieben und durch Wiederholung der Berechnung in weiteren Punkten ist es möglich, den Schwereverlauf längs des gewählten Profils zu bestimmen. Will man eine gravimetrische Aufgabe in umgekehrter Folge lösen, d. h., will man die Form eines Körpers bestimmen, der einer gegebenen Anomalienkurve entspricht, so muß man die Schnittkurve approximativ so lange umformen, bis die berechnete Schwere in allen Punkten mit den vorgeschriebenen Schwerewerten übereinstimmt. Die Arbeit ist mühsam und langwierig.

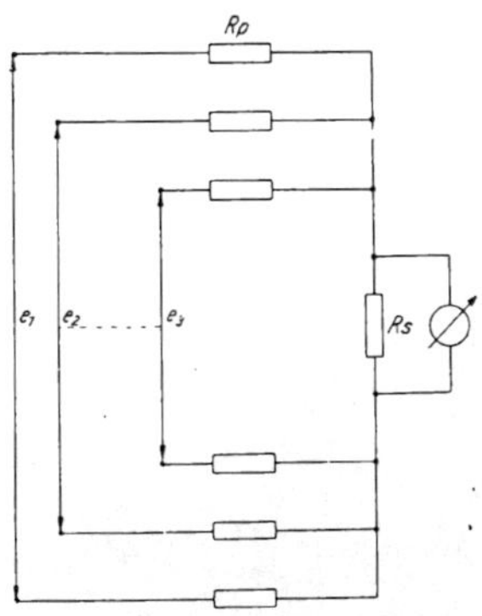

Abb. 2. Der symmetrische Additionsvielpol

Zur Beseitigung des Arbeitsaufwands dieser Berechnungsart entwarfen POLA & RŮŽIČKA eine Einrichtung, deren Prinzip aus Abb. 1 ersichtlich ist.

Die Grundlage bildet ein System von vierundzwanzig funktionellen Stabpotentiometern, die parallel geschaltet sind und aus einem Gleichstromaggregat gespeist werden. Der Verlauf des Widerstandes und damit der Spannung an den funktionellen Potentiometern ist mit Hilfe von Shunten so geregelt, daß er den Elementen des Transparents analog entspricht. So ist z. B. der Wert der Spannungsdifferenz im Abschnitt „A" am Potentiometer Nr. 1 ebenso groß wie der Wert der Spannungsdifferenz des Abschnitts „B" des Potentiometers Nr. 3. Die Spannung wird mit Hilfe eines Systems von beweglichen Kontakten (Reitern) von den Potentiometern abgenommen. Diese Kontakte dienen zur Modellierung des Körperschnitts, dessen Schwerewirkung zu bestimmen ist. Wenn die Möglichkeit einer wechselseitigen Verschiebung der Reiterkonfiguration und des Systems der funktionellen Potentiometer gesichert ist, so ist es in jeder wechselseitigen Position derselben möglich, die Summe e_k, das ist der Summenwert der durch den Umriß des modellierten Schnitts des zweidimensionalen Körpers an den einzelnen Stabpotentiometern gegebenen Spannungen, zu bestimmen, der der Schwerewirkung entspricht. Die Summe der Werte $e_1 \ldots e_n$ erhalten wir elektrisch am passiven symmetrischen Additionsvielpol, wie aus Abb. 2 hervorgeht.

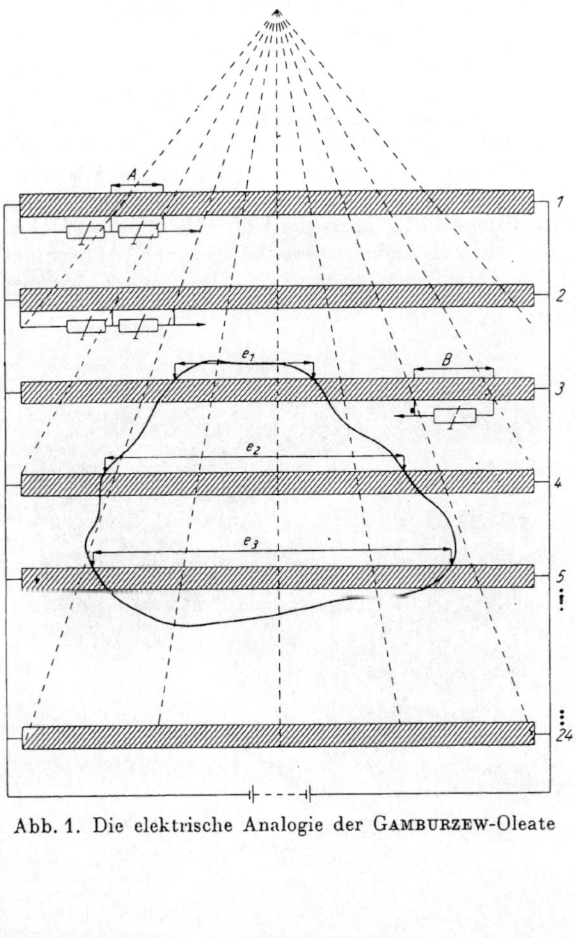

Abb. 1. Die elektrische Analogie der GAMBURZEW-Oleate

[1]) Austauschbeitrag, der uns von der Zeitschrift „Geologický průzkum" übergeben wurde. — Eingang des Manuskripts: 16. 1. 1963

Abb. 3. Erstes Funktionsmodell, Detailaufnahme

Die gesamte konstruktive Lösung des ersten Funktionsmodells ist aus den Abb. 3 und 4 ersichtlich.

Für das Gerät wurde die Form eines Gerätepults gewählt. Auf der Abb. 3 ist die obere Deckplatte mit dem System der beweglichen Kontakte abgehoben, so daß sämtliche funktionellen Stabpotentiometer gut sichtbar sind. Sie sind an einem gemeinsamen Metallrahmen angeordnet; das Ganze kann innerhalb des Tischs in Relation zu der Kontaktkonfiguration an der oberen Geräteplatte bewegt werden. Die Mittelstellung der Potentiometer wird durch einen Zeiger auf dem geneigten Zeichenpult indiziert. Der Rahmen mit den Potentiometern wird mittels eines Handdrehknopfs bewegt, der am linken Rand des Geräts angebracht ist. Es ist mit einer stabilisierten elektronischen Gleichstromanlage ausgestattet. Zur Indikation der resultierenden Werte wurde anfangs ein normales Labor-Zeigermeßinstrument verwendet, das später durch ein geeigneteres Digitalvoltmeter ersetzt wurde.

Der Meßvorgang ist bei Lösung einer direkten Aufgabe folgender: Der Körper, dessen Schwerewirkung modelliert werden soll, wird mittels des Reitersystems im vorgeschriebenen Maßstab eingestellt. Die gegenseitige Entfernung zweier Widerstandsstäbe stellt eine Länge von 500 m vor (Tiefenmaßstab). Mittels des Drehknopfs wird die Stellung des mit dem funktionellen Potentiometersystem verbundenen Zeigers von jenem Punkt eingestellt, an welchem wir die Schwerewirkung des zu prüfenden Körpers bestimmen wollen. Das Indikationsmeßinstrument zeigt eine bestimmte Abweichung „d“ an. Die Schwerewirkung in mgal erhalten wir dann aus der Relation

$$\Delta g = d \frac{M\sigma}{N} k \qquad (1)$$

Hierbei bedeuten:

M den Maßstab, in welchem die gegebene Aufgabe aufgetragen wird,
N den Maßstab des Transparents, auf Grund dessen das Analogon entworfen worden ist, in unserem Falle 85800,
σ die gegebene Differenzdichte,
k den Maßstab (die Konstante) des Geräts.

Die Gerätekonstante hängt von der Stärke des Speisestroms, eventuell von der Empfindlichkeit des Indikationsmeßinstruments ab und läßt sich in weiten Grenzen variieren, was die Verwendung einer umfangreichen Skala von Differenzdichten und Maßstäben beim Modellieren ermöglicht.

Auf die beschriebene Weise können Messungen für eine beliebige Punktezahl bei verschiedenen gegenseitigen Stellungen der funktionellen Potentiometer und verschiedener Reiterkonfiguration durchgeführt werden. Bei der Lösung der umgekehrten Aufgabe trachten wir danach, mittels fortschreitender Änderung der Reiterstellung eine möglichst genaue Übereinstimmung der gemessenem Werte mit dem vorgeschriebenen Verlauf der Schwerewerte zu erzielen.

Die Genauigkeit des Geräts wurde durch Vergleich des berechneten mit dem mittels des Geräts zur Feststellung der Rundwalzenwirkung mit zur Achse y paralleler Achse gemessenem Verlauf verifiziert. Die maximale Abweichung beider Verläufe überschritt nicht 2,5%.

Um die Arbeitsgeschwindigkeit des Geräts im Vergleich mit dem bisherigen Auswerteverfahren mittels Transparents zu überprüfen, wurde versuchsweise eine umgekehrte Aufgabe gelöst. Ein nichteingearbeiteter Techniker braucht für die Lösung zwei Stunden, während bei dem bisherigen Arbeitsvorgang dieselbe Aufgabe ungefähr 16 Arbeitsstunden erforderte.

Die Entwicklung des Analogons wird fortgesetzt, hauptsächlich im Hinblick auf die Verbesserung der Technologie einiger konstruktiver Einheiten und der Ausweitung seiner Verwendungsmöglichkeiten.

II. Das zweite Analogon,

dessen Prinzip POLA und SERBA ausgearbeitet haben, löst die Automatisation der Berechnungsarbeiten, die mit der Bestimmung der höheren Derivationen und der Aussonderung der regionalen und lokalen Komponente des Gravitationsfelds verbunden sind.

So verfolgen die Methoden der zweiten Derivationen des Potentials der Schwerkraft besonders die Aussonderung und den anschaulicheren Ausdruck der lokalen Anomalien, mehr als es die Karte der BOUGUERschen Anomalien zu bieten vermag. Alle diese Methoden beruhen darauf, daß sie mit einem bestimmten Annähe-

Abb. 4. Erstes Funktionsmodell, Totalaufnahme

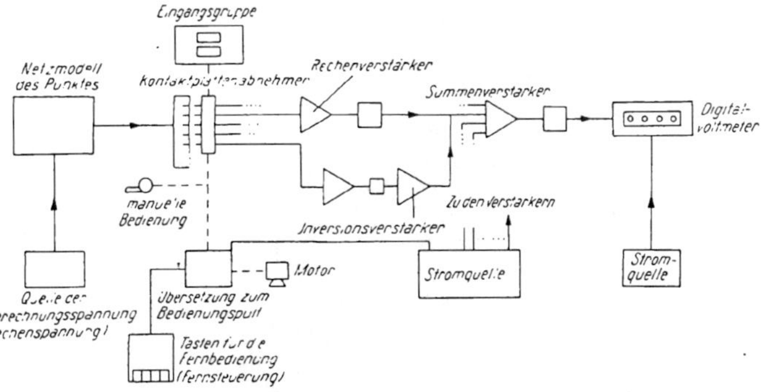

Abb. 5. Blockschema der elektromechanischen Analogon-Spezialrechenmaschine

rungsgrad die Werte der zweiten vertikalen Derivationen $\frac{\delta^2 g}{\delta z^2}$ der Anomalien der Schwerkraft in den in einem quadratischen Netz auf der gravimetrischen Karte angeordneten Punkten berechnen. Hierbei wird diese Derivation im gegebenen Punkt des Netzes aus dem Wert an diesem Punkt sowie aus den Werten an einer bestimmten Anzahl von Punkten berechnet, die in einer festen Konfiguration in der Umgebung dieses Punktes angeordnet sind. Aus diesen neu gewonnenen Werten der zweiten Derivationen an den Punkten des Grundnetzes wird sodann mittels der üblichen Interpolation die Karte der zweiten Derivationen konstruiert. Mit der Methodik der Berechnung der zweiten Derivationen hat sich eine ganze Reihe von Autoren befaßt, so daß heute etwa 15 Methoden bekannt sind, die laufend praktisch benützt werden. Sämtliche Formeln lassen sich, wie schon NETTLETON gezeigt hat, allgemein durch die Formel ausdrücken

$$\frac{\delta^2 g}{\delta z^2} = \frac{c}{s^2} [A_0 g_0 + A_1 g_1 + \ldots] \qquad (2)$$

wobei

- g_0 den Wert der Anomalie der Schwerkraft im Punkte P, an dem die zweite Derivation berechnet wird, bedeutet,
- g_1, g_2 die Mittelwerte der Schwerkraftanomalien auf den mit den Halbmessern r_1, r_2 um den Punkt P umschriebenen Kreislinien,
- A_0, A_1, A_2 die Schwerekoeffizienten,
- c den Ziffernkoeffizienten,
- s die Seitenlänge des elementaren Quadrats.

Die Berechnung der Mittelwerte und insbesondere der Werte der zweiten Derivationen der Schwerkraft erfordert einen großen Arbeitsaufwand. So führt beispielsweise die Gruppe Geophysik der volkseigenen „Tschechoslowakischen Erdölgruben" an, daß die Berechnung an einem Punkt etwa 15 Minuten in Anspruch nimmt. KASATKIN erwähnt, daß ein durchschnittlicher Techniker in einem Tag 60 Punkte berechnet, d. h., daß die Berechnung an einem Punkt etwa acht Minuten dauert. Die Verarbeitung auf den Rechenmaschinen Aritma dauert für einen Punkt ungefähr 2,5 Minuten. In den Vereinigten Staaten verwendet man zur Bestimmung der Werte der zweiten Derivationen die Kombination einer Lochkartenmaschine und eines speziellen elektronischen Rechengeräts. Die Berechnung dauert für einen Punkt etwa $^1/_3$ Minute. Ein Spezialgerät für die Bestimmung der Werte der zweiten Derivationen oder verwandter Werte wird in der erreichbaren Literatur nicht erwähnt.

Das entwickelte Rechengerät kann in die Gruppe der Analoggeräte mittlerer Größe eingereiht werden. Im engeren Sinne ist es als elektromechanische Analogon-Spezialrechenmaschine zu bezeichnen (nicht als Universalgerät). Das Blockschema stellt Abb. 5 dar. Die Rechenmaschine enthält im ganzen 918 operative Einheiten, davon 11 Summierungs-Gleichstromverstärker, 11 Potentiometer für die Konstantenmultiplikationen und 896 Potentiometer zur Einstellung der Eingangselemente. Außer diesen operativen Einheiten enthält das Rechengerät weitere Hilfseinheiten:

eine stabilisierte Rechenstromanlage 12 V und

eine stabilisierte Anlage zur Speisung der Rechenverstärker und der Betätigungselemente.

Die Programmierungsarbeit des Geräts führen folgende mechanische und elektromechanische Gruppen durch:

die mechanische Gruppe der kreuzförmigen Verschiebung des Abtasters,

die Indikationsgruppe der Abtasterstellung zur Gruppe der Programmierungsnocken.

Die Ergebnisse werden durch ein dreistelliges Digitalvoltmeter indiziert (das Voltmeter dient zugleich zur Einstellung der Eintrittselemente und Konstanten). Zum Voltmeter gehört eine besondere Speiseanlage. Der Arbeitsplatz des Interpreten ist mit einem Drucktastenkästchen zur Fernbedienung des Geräts versehen.

Das Rechengerät als solches hat folgende Ausmaße (Abb. 6): Länge etwa 5 m, Höhe etwa 2 m, Gewicht etwa 4 Ztr.

Im Hinblick darauf, daß das Rechengerät weder Multiplikatoren noch Multiplikationskoeffizienten oder Quadratoren bzw. Integratoren enthält, ist seine Verwendung auf spezielle Aufgabenfälle beschränkt. Im wesentlichen kann es in allen Fällen benutzt werden, in welchen es möglich ist, die gegebene mathematische

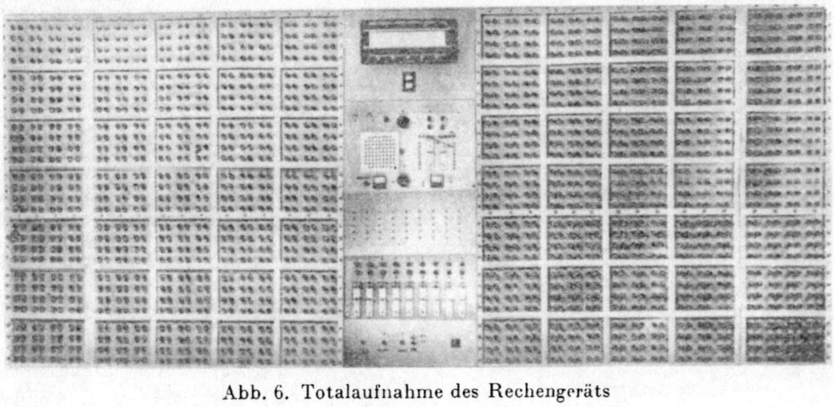

Abb. 6. Totalaufnahme des Rechengeräts

Aufgabe auf die Bildung von Summen einfacher Produkte umzuformen.

Das Blockschema (Abb. 5) stellt zugleich ein Programmschema für die Lösung der Gleichung (2) vor. Die Gleichung (2) wird auf die Form

$$\frac{\delta^2 g}{\delta z^2} = K' \left[K'_1 g_0 + K'_2 \sum_{i=1}^{4} g_{1i} - K'_3 \sum_{i=1}^{4} g_{2i} - K'_4 \sum_{i=1}^{8} g_{3i} \right] \quad (3)$$

übergeführt, die weiter umgestaltet wird:

$$\frac{\delta^2 g}{\delta z^2} = K \left[K_0 A + K_1 B - K_2 C - K_3 D \right] \quad (4)$$

Die Werte g_1 stellen wir mittels der Potentiometer im voraus für die ganze Aufgabe (Karte) auf dem Netz der modellierten Punkte ein (Erklärung siehe unten). Von diesem Netz werden die Punkte zur Kontaktplatte geleitet und von dieser die einzelnen Werte mittels eines beweglichen Kontaktplättchens abgetastet, von welchem sie weiter auf die Rechenverstärker übertragen werden. Das Abtasterplättchen bewegt sich nach dem gewählten Programm mit Hilfe der Betätigungs- und Antriebsgruppe (siehe unten). Die Stellung auf der Kontaktplatte wird durch Ziffernwerte im Fensterchen der Indikationsgruppe angezeigt. Die Rechenverstärker führen die Summierung von B, C, D durch. Die Konstanten $K_0 - K_3$ werden auf den Potentiometern eingestellt, die von den Verstärkern gespeist werden. Hinter die Verstärker, die die Aufgabe haben, die Summen mit negativem Vorzeichen zu realisieren, ist ein Inversionsverstärker −1 geschaltet, der zusammen mit den positiven Summen an den die Summierung in der eckigen Klammer durchführenden Verstärker angeschlossen ist. Der nach dem Summierungsverstärker geschaltete Teiler multipliziert mit der Konstante K. Die resultierenden Werte werden durch ein Digitalvoltmeter indiziert. Die Bedienung des Rechengeräts geschieht mittels eines Fernbedienungskästchens.

In dem beschriebenen Analoggerät wird die physikalische Größe, in unserem Falle ein Milligal (mgl), elektrisch, und zwar durch die Gleichstromspannung, ausgedrückt. Der Maßstab der physikalischen Größe wird als Verhältnis der analogen und physikalischen Größe definiert, bezogen auf die physikalische Einheit. Wenn z. B. die Größe einen Umfang von 120 mgl und eine Rechenspannung von 12 V aufweist, wird der Maßstab 0,1 V/mgal betragen. Die ziffernmäßigen Angaben, d. h. die auf der gravimetrischen Karte durch die elektrische Gleichstromspannung ausgedrückten

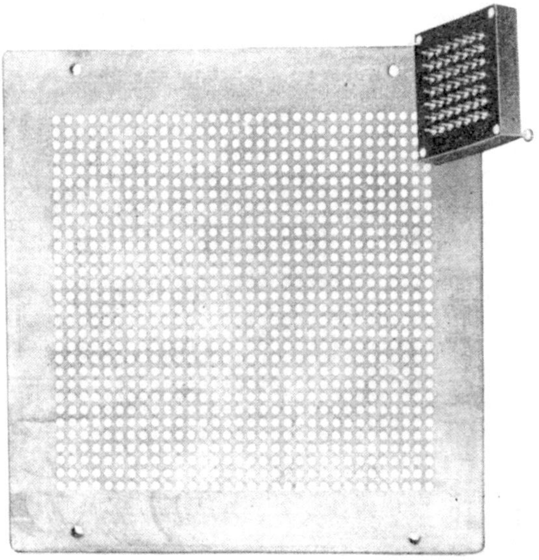

Abb. 7. Kontaktplatte und Abnehmerplatte

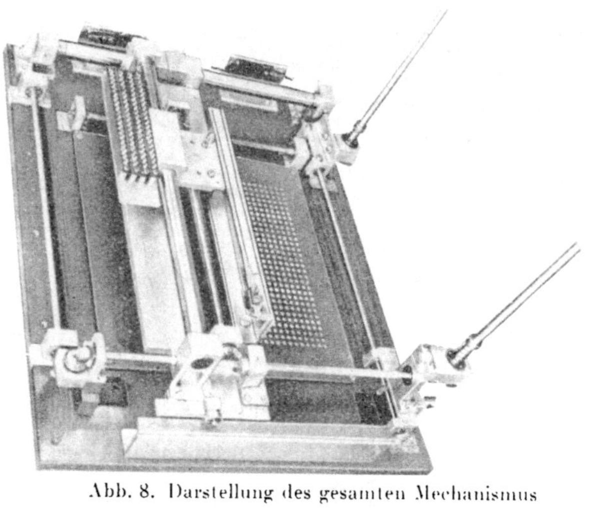

Abb. 8. Darstellung des gesamten Mechanismus

physikalischen Größen der einzelnen Punkte, werden dem Analoggerät mittels eines Netzes von modellierten Punkten durch von Hand regelbare Widerstandsteiler zugeführt. Der Gesamtwiderstand der Analogoneinheit beträgt 23k5 und bleibt in allen fünf Stellungen des Umschalters des Widerstandsteilers konstant. Um ein sprunghaftes Ansteigen der Rechenspannung beim Übergang von einer Stellung des Umschalters zur anderen zu vermeiden, wurde die Verbindung der festen Widerstände des Teilers mit den Umschaltern in Kreuzschaltung durchgeführt. Die Einstellung der Rechenspannung der Analogoneinheit auf den betreffenden Wert der durch die Gleichstromspannung ausgedrückten physikalischen Größe geschieht mit Hilfe eines Digitalvoltmeters. Seine Meßeinheit ist ein Digit, dem eine Spannung von 10 μV entspricht. Man kann also für das angeführte Rechengerät als Maßstab der physikalischen Größe Digit/mgal wählen.

Das ganze Netz umfaßt 896 Analogoneinheiten, die auf 70 Paneelen zu 12 und 16 Einheiten verteilt sind. Die Ausgänge aller Einheiten sind an die Kontaktplatte geschaltet (Abb. 7). Die Paneele sind in zwei Holzrahmenkonstruktionen untergebracht, die zu beiden Seiten der Hauptrechenanlage angeordnet sind. Die Analogoneinheiten werden mit einer Spannung von 12 V gespeist. Stromquelle ist ein Akkumulator. Der resultierende Widerstand sämtlicher parallel geschalteter Analogoneinheiten ist 26,22 Ω. Der Speisestrom beträgt 0,45 A.

Das eigentliche Modell des physikalischen Feldes bildet eine Kontaktplatte, an die die Ausgänge sämtlicher Analogoneinheiten aus dem Netz angeschlossen sind. Das Abtasterelement besteht aus einem Plättchen mit abgefederten Abtasterkontakten (Abb. 7). Jeder Kontakt ist selbständig gefedert.

Die Kontaktplatte besitzt 32×28 Punkte (das ist 896); dies ist die maximale Punktezahl der Karte, die eingestellt werden kann. Das Abtasterplättchen hat 9 × 9 Kontakte ohne vier Eckkontakte, also 77 Kontakte. Diese sind an die Stromversorgungsleiste und von dieser mittels eines Leiterbündels an die Buchsen des Rechengerätepaneels angeschlossen. Hier kann eine beliebige Konfiguration von Meßpunkten eingestellt werden. Die Bewegung des Abtasterplättchens in der Richtung beider Koordinatenachsen wird auf der Kontaktplatte realisiert. Die Photographie auf Abb. 8 veranschaulicht den ganzen Mechanismus.

Durch ein Getriebesystem werden die Antriebsmechanismen beider Schrauben an eine gemeinsame Stelle geführt, von wo sie mittels Kardanwellen motorisch angetrieben werden. Für den Handantrieb sind beide Schrauben durch Kegelgetriebe ergänzt. Ihre Bewegung ist mit den Getrieben mittels Ausgangswellen für den Antrieb der die Lage des Abtasters und der Programmierungsnocken indizierenden Gruppe verbunden.

Am Traggerüst sind nachstellbare Anschlagkontakte zur Begrenzung der Bewegung in Richtung der x-Achse angebracht. In gleicher Weise wird die Bewegung in Richtung der y-Achse durch einen Anschlagkontakt am Querträger begrenzt.

Bei der Lösung einer Aufgabe auf dem beschriebenen Analogon wird wie folgt verfahren: Nach den Angaben des Digitalvoltmeters werden die Analogoneinheiten (Punkte) im gewählten Maßstab eingestellt. Vom Gesichtspunkt der Erzielung einer höchstmöglichen Genauigkeit empfiehlt es sich, eine möglichst hohe Spannung einzustellen, so daß der Maßstab nach folgendem Grundsatz gewählt wird: Auf Grund der gegebenen Formel für die zahlenmäßige Festlegung stellen wir die Übertragungskoeffizienten der Rechenverstärker ein und realisieren mittels Durchschaltung derselben den Berechnungsvorgang. Mit Hilfe der halbautomatischen Betätigungseinrichtung durchfahren wir fortschreitend sämtliche Punkte der Karte mit dem Abtasterplättchen und lesen die resultierenden Werte am Digitalvoltmeter ab. Bei der Konstruktion des Geräts wurde die Möglichkeit der Vollautomatisierung in Verbindung mit einer Druckeinheit berücksichtigt.

Auf Grund des bisher durchgeführten Versuchsbetriebes kann die durch das Gerät erzielbare Arbeitsproduktivität beurteilt werden. Eine gravimetrische Karte mit ungefähr 900 Punkten kann auf fünf verschiedene Arten in etwa sechzehn Stunden verarbeitet werden, wobei das eigentliche Modellieren die meiste Zeit in Anspruch nimmt, d. h. die Einstellung der Spannung an den Netzpunkten und die Berechnung der Kontrollpunkte von Hand aus.

Der durchschnittliche Fehler bei maschineller Berechnung beträgt laut der statistischen Auswertung $0{,}03 \cdot 10^{-13}$ gal/cm², was im Hinblick auf den approximativen Charakter der Ausgangsformeln für die Berechnungspraxis ausreichend ist.

Zusammenfassung

In der Arbeit wird eine kurze Information über die Prinzipien und die konstruktive Lösung von zwei gravimetrischen Analogie-Rechenmaschinen gegeben. Die erste davon ist das elektrische Analogon der GAMBURZEW-Oleate, die zweite modelliert mittels Spannungsnetzen die Karte der BOUGUER-Anomalien und führt eine qualitative Analyse des Schwerefeldes auf der Grundlage dieses Netzes durch.

Резюме

В работе дается краткая информация о принципах и конструктивном решении двух гравиметрических отчетных машин, работающих по методу аналогии. Первая из них является электрическим аналогом кальки ГАМБУРЦЕВА, вторая моделирует с помощью сетей напряжения карту БУЖЕ и проводит качественный анализ поля тяжести на основе этой сети.

Summary

The principles and constructive solution of two gravimetric analogue computers are briefly reviewed. The first is the GAMBURZEW-Oleate electric analogue, the second models the map of the BOUGUER anomalies by means of potential networks and qualitatively analyses the gravity field on the basis of this network.

Literatur

KASATKIN, D. T.: Opyt wydelenia lokalnych gravitazionnych anomalij w sewernoj Turkmenii. — Raswedka i ochrana nedr, Nr. 6, 25—36 (1957).
NETTLETON, L. L.: Regionals residuals instructures. — Geophysics, 19, Nr. 1, S. 1—22 (1954).

Ein elektronisches Gerät zur Messung von Bohrlochabweichungen[1]

A. F. PONOMARTSCHUK

In der Südafrikanischen Union ist von der Firma „Hard Metals Ltd." ein neuartiges Gerät zur Bestimmung der Abweichung vertikaler Tiefbohrungen konstruiert und erprobt worden (s. Abb.), das gegenüber den sonst üblichen eine Reihe von Vorzügen aufweist[2]). Es gestattet die sofortige Bestimmung der Abweichung, auch kann man bei seiner Einführung in das Bohrloch eine Reihe von Angaben über die Abweichungen in verschiedenen Teufen erhalten. Die Meßergebnisse werden über ein Kabel zur Oberfläche übertragen und auf der Skala des Geräts abgelesen.

In der Bohrlochsonde befindet sich ein Frequenzgenerator, der mit einem anderen, die gleiche Frequenz liefernden, aber an der Oberfläche befindlichen Generator verbunden ist. Die Frequenz des in die Sonde eingebauten Generators kann mittels eines Drehkondensators verändert werden. Wird die Sonde ins Bohrloch eingefahren, so nimmt seine Gehäuseachse den gleichen Neigungswinkel gegen die Senkrechte an, den das Bohrloch aufweist. Ein Pendel — bestrebt, die senkrechte Lage einzunehmen — verdreht die beweglichen Kondensatorplatten um eben diesen Winkel gegen das starre Plattensystem. An der Oberfläche wird der Frequenzunterschied zwischen der durch die Bohrlochneigung variierten Frequenz des untertägigen und der konstant gebliebenen des übertägigen Generators gemessen. Die Ablesung der gemessenen Größe, die dem Neigungswinkel des Bohrlochs entspricht, geschieht auf einer in Grad geeichten Skala.

Mittels des neuen Geräts kann neben dem Neigungswinkel auch das Azimut der Bohrlochabweichung gemessen werden. Der Generator (2) wird durch den Drehkondensator abgestimmt, dessen bewegliches Plattensystem (5) an dem Pen-

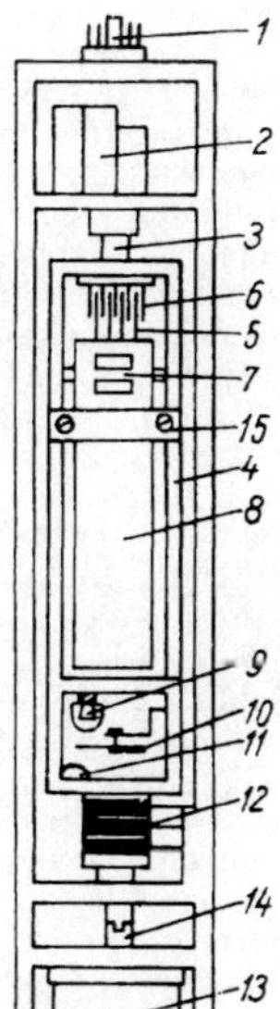

Abb. Prinzip des elektronischen Gerätes zur Messung der Bohrlochabweichung

1 — Kontakte des mehrpoligen Verbindungssteckers; 2 — Frequenzgenerator; 3 — Achse und obere Stütze des Rahmens; 4 — Bronzerahmen; 5 — bewegliches Plattensystem des Kondensators; 6 — unbewegliches Plattensystem des Kondensators; 7 — Achse des Pendels; 8 — Pendel; 9 — Lichtquelle; 10 — Kompaßnadel; 11 — Fotozelle; 12 — Kontaktringe; 13 — Synchronmotor; 14 — zylindrische Muffe, die den Anker des Motors mit dem Rahmen verbindet; 15 — Stützleiste

[1]) Aus: „Raswedka i ochrana nedr", H. 3, S. 59—61 (1962). Übers.: N. PALLOKS.

[2]) „Mining Equipment", Vol. 11, Nr. 6, S. 40—41 (1960)

del (8) befestigt ist, so daß bei seiner Verschiebung gegen das starre Plattensystem (6) die Frequenz des Generators verändert wird. Das Pendel hängt an der Achse (7), die ihm gestattet, in einer Ebene auszuschlagen. Von seiner Vertikalstellung aus kann es sich nur nach vorn bewegen. Die Rückwärtsbewegung verhindert die Leiste (15). Das Pendel, seine Achse, der Kondensator und andere Teile sind in dem Bronzerahmen (4) montiert, der von einem Synchronmotor (13) mit der konstanten Geschwindigkeit von einer Umdrehung pro Minute rotiert. Die Achse (3) ist die obere Stütze des Lagers.

An dem sich drehenden Rahmen sind eine Glühbirne (9) und eine Fotozelle (11) befestigt. Das Licht der Glühbirne beleuchtet die Fotozelle. Über das Kabel werden Glühbirne und Motor von der Oberfläche her eingeschaltet; der Rahmen beginnt sich mit konstanter Geschwindigkeit zu drehen.

Bei jeder Umdrehung des Rahmens geht das „Nord"-Ende der Kompaßnadel (10), die immer in gleicher Lage bleibt, zwischen der Lichtquelle und der Fotozelle hindurch und schirmt letztere damit gegen das Licht ab. Das „Süd"-Ende der Nadel ist derart verkürzt, daß es bei Drehung des Rahmens die Fotozelle nicht abschirmt.

Bei der Abschirmung der Fotozelle entsteht ein elektrischer Impuls, der durch das Kabel zur übertägigen Apparatur geleitet wird. In dieser ist ein zweiter Synchronmotor mit einem Zeiger vorhanden, der auf einer wie ein Kompaß in Grad geteilten Skala anzeigt. Vor dem Einschalten des Motors steht der Zeiger in Richtung „Norden". Der Impuls schaltet den Motor ein, und er beginnt, sich synchron mit dem Motor im Bohrlochgerät zu drehen.

Bei der Drehung des Rahmens hindern die Achse (7) und die Leiste (15) das Pendel so lange daran, sich frei zu bewegen, bis der Rahmen in der durch die Senkrechte und die Geräteachse aufgespannten Ebene liegt. Danach schlägt das Pendel nach vorn aus und stellt sich senkrecht. Ein solcher Ausschlag wiederholt sich bei jeder Umdrehung an ein und derselben Stelle.

Bei der Drehung des Rahmens schlägt das Pendel einmal in der Minute maximal aus. Danach wird es durch die Achse (7) und die Leiste (15) in die zentrale Lage zurückgezwungen. Der maximale Ausschlag wird durch die maximale Anzeige des Frequenzmeßgerätes an der Oberfläche angezeigt. Wird der Synchronmotor, der in der Apparatur eingebaut ist, in dem Augenblick angehalten, in dem die maximale Anzeige des Frequenzmeßgerätes eintritt, so gibt der Zeiger des Motors die Richtung an, in der diese maximale Anzeige erhalten wurde. So kann neben dem Neigungswinkel des Bohrlochs auch die Richtung der Abweichung, bezogen auf eine horizontale Ebene, bestimmt werden.

In einer Versuchsreihe wurden in elf verschiedenen Teufen Neigung und Abweichungsrichtung eines Bohrlochs von 350 m Teufe gemessen. Wiederholungsmessungen in ein und derselben Teufe lieferten praktisch die gleichen Werte. Die auftretenden Unterschiede blieben unter 0,1° für die Neigung und unter 5° für die Richtung.

Während des Meßvorganges ist die Apparatur zu überwachen, um Abweichungen von der anfänglichen Einstellung zu vermeiden. Hat sich der Rahmen im Gerät um 180° gegen die Lage verdreht, in der das Pendel den maximalen Ausschlag erreicht, so wird das Pendel in der zentralen Stellung festgehalten.

Die Generatoren müssen mit gleicher Frequenz arbeiten. Ist einer der Generatoren etwas von der Frequenz des anderen abgewichen, so wird der Frequenzunterschied durch Nachregulieren des übertägigen Generators beseitigt, um Fehler in der Anzeige des Gerätes auszuschalten. Der Motor, der in der übertägigen Apparatur eingebaut ist, kann angehalten und so reguliert werden, daß sein Zeiger genau auf die „Nord"-Marke der Skala weist. Er schaltet sich dann automatisch wieder ein, wenn der Rahmen im Bohrlochgerät jene Lage erreicht, in der das „Nord"-Ende der Magnetnadel zwischen Lichtquelle und Fotozelle steht. Auf diese Weise wird ein durch nicht genaues Synchronlaufen der Motoren entstandener Fehler beseitigt.

Zur Beschleunigung der Filtration von Niederschlägen in der chemischen Analyse[1]

GERHARD WOLFF & RUDOLF SCHREITERER, Dresden

(Mitteilung aus dem Institut für Mineralogie und Geologie, Technische Universität Dresden)

Beim Bemühen, die Dauer einer chemischen Analyse, z. B. Silikatanalyse, abzukürzen, ist es hauptsächlich die Bestimmung des Siliziumdioxids, die hierbei Schwierigkeiten bereitet. Während es bei anderen Hauptkomponenten von Silikaten gelang, durch sogenannte „Schnellmethoden" (z. B. komplexometrische Titration, Flammenphotometrie) ohne bemerkenswerte Einbuße an Genauigkeit die Zeit für eine quantitative Analyse wesentlich herabzusetzen, befriedigen viele für die Siliziumbestimmung vorgeschlagene Schnellmethoden nicht. Man bleibt dann meist bei der herkömmlichen gravimetrischen Methode. Unter unglücklichen Bedingungen kann es hierbei vorkommen, daß das Abfiltrieren des Siliziumdioxids aus saurer Lösung mehrere Stunden in Anspruch nimmt.

Dieser Vorgang kann jedoch wesentlich beschleunigt werden, wenn die Filtration unter Vakuum vorgenommen wird. Hierzu ist es nötig, einen geeigneten Trichter zu haben. Die normalen Analysentrichter eignen sich für die Vakuumfiltration, etwa unter Verwendung eines WITTschen Topfes, nicht, da die eingelegten Papierfilter entweder unten einreißen oder aber nicht anliegen. (Die früher einmal hauptsächlich für präparative Zwecke aus Porzellan gefertigten Vakuumtrichter sind leider kaum noch bekannt.) Deshalb fertigten wir den im folgenden beschriebenen, besonders für gravimetrische Analysen gedachten Trichter an. Zur Kontrolle der Sauberkeit muß dieser möglichst durchsichtig, also aus Glas oder Kunststoff hergestellt sein. Zur Selbstanfertigung wird man natürlich letzteres wählen, wobei jedoch darauf geachtet werden muß, daß der Kunststoff gegen

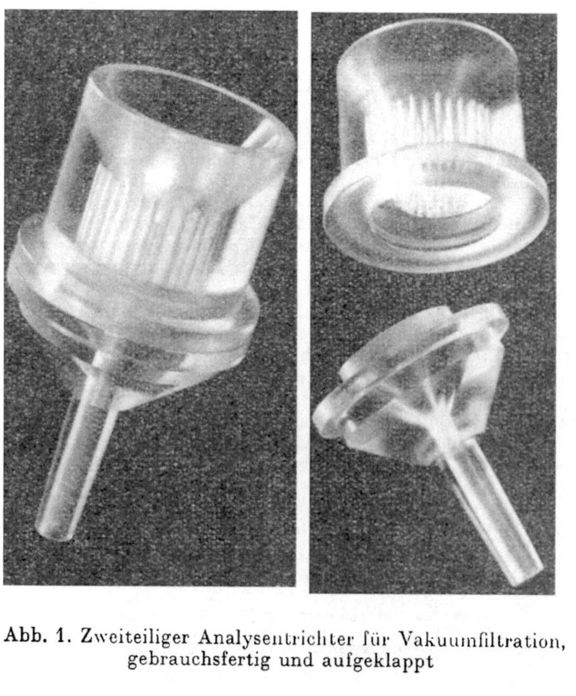

Abb. 1. Zweiteiliger Analysentrichter für Vakuumfiltration, gebrauchsfertig und aufgeklappt

[1]) Eingang des Manuskripts in der Redaktion: 3. 8. 1963.

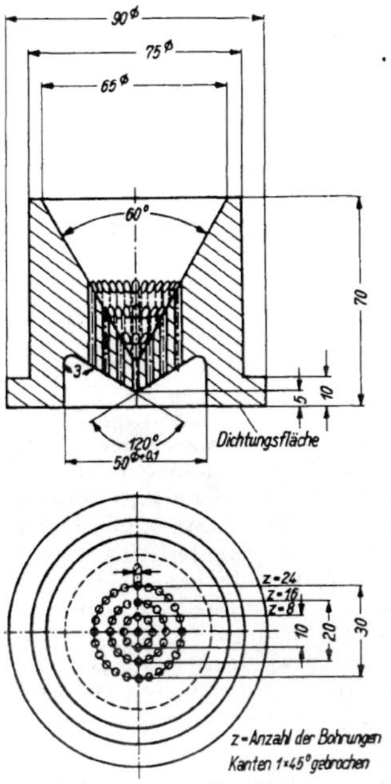

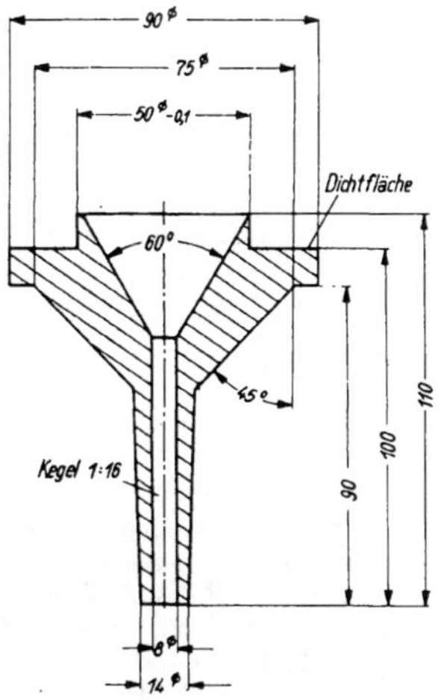

Abb. 2. Konstruktionsschema des Analysentrichters für Vakuumfiltration

heiße Säuren und Laugen, möglichst auch gegen verschiedene organische Lösungsmittel beständig ist. Dies trifft z. B. für Piacryl zu. Dieser Stoff läßt sich auf der Drehmaschine sehr gut bearbeiten. Es ist zweckmäßig, den Schnelltrichter aus 2 Teilen zu fertigen: einem oberen, mit kegelförmigem Einschnitt und Lochbohrungen, in den das Papierfilter eingelegt wird, und einem unteren Absaugstück. Diese Art der Ausführung erleichtert einmal die Herstellung, zum anderen die nötige Säuberung. In das obere, zylinderförmige Aufsatzstück ist eine kegelartige Aussparung eingedreht, die so bemessen ist, daß ein rundes Papierfilter, doppelt zusammengelegt und dann geweitet, genau in den Trichter paßt — wie diese bei anderen Analysentrichtern ebenfalls üblich ist (Kegelwinkel 60°). Von dieser Aussparung aus führen dünne Bohrungen nach unten. Die Ebene, in die sie austreten, ist selbst ein stumpfer Kegel und in der Aufsetzfläche etwas eingespart, damit die Flüssigkeit gut ablaufen kann (siehe Zeichnung). Die Aufsetzfläche selbst muß hochgradig eben und möglichst poliert sein.

Das Absaugstück ist ein trichterartiges Teil, oben eben und ebenfalls poliert. Der innere Trichter endet in einer kleinen überstehenden Nut. Das Ablaufrohr soll so bemessen sein, daß es mittels eines Gummistopfens in die Öffnung eines WITTschen Topfes paßt; die innere Bohrung soll jedoch groß genug sein, um einem Glasstab Platz zu geben. Die genauen Maße finden sich in der Zeichnung. Besonders ist darauf zu achten, daß die Bohrungen der Absauglöcher nicht größer als angegeben sind. Bei Benutzung fettet man die Schliffläche schwach mit Hahnfett ein. Mittels eines durchbohrten Gummistopfens wird der Schnelltrichter auf einen WITTschen Topf aufgesetzt. In das Trichterrohr steckt man von unten zweckmäßigerweise einen Glasstab, der in einem Becherglas (Vorlage) aufsteht. In zahlreichen Fällen wurde die Funktion des Trichters überprüft. Die Filtration einer normalen Niederschlagsmenge von Siliziumdioxyd in etwa 200 ml Flüssigkeit ist — bei dreimaligem Waschen des Niederschlags und Anlegen eines mäßigen Vakuums — in ungefähr zehn Minuten beendet. Verwendet man harte Filter und ist der Niederschlag nicht zu feinkörnig, wie dies manchmal bei Bariumsulfat der Fall sein kann, so ist ein Durchlaufen des Niederschlags nicht zu befürchten. Natürlich ist die Anwendung des Trichters nicht auf die Kieselsäurebestimmung beschränkt. Der Zeitgewinn ist vor allem bei Serienanalysen erheblich.

Literatur

BILTZ, H. & W. BILTZ: Ausführung quantitativer Analysen. — S. Hirzel Verlag, S. 386ff., Stuttgart 1960.

BARANOW, W. S.

Bildung von Tonkrusten und ihre Wasserdurchlässigkeit[1]

Referiert von HERBERT WOHLFAHRT, Gotha

Für das erfolgreiche Abteufen von Tiefbohrungen wird bei der Qualität der Tonspülung vorwiegend die Forderung auf eine niedrige Wasserabgabe gelegt. Damit beabsichtigt man nicht allein, das Eindringen von Flüssigkeit in das durchteufte Gebirge weitgehend zu verhindern, sondern auch das Anwachsen der Tonkruste auf der Bohrlochwand in erträglichen Grenzen zu halten.

Aus dem Meßergebnis der Wasserabgabe von Tonspülungen werden daher häufig Schlüsse auf die Stärke der Tonkruste gezogen, was aber genaugenommen nicht in jedem Falle zutrifft, weil es zwischen der Wasserabgabe in einer bestimmten Zeit und der Bildung der Filterkruste kein gesetzmäßiges Verhältnis gibt. Hohe Wasserabgaben von 20 bis 30 ml/30 min lassen im allgemeinen auf eine Krustenstärke von 2,5—3,5 mm schließen, können erfahrungsgemäß aber auch Krustenstärken von 1,5—2 mm aufweisen, wenn die Spülung wegen zu geringer Tonsubstanz kein höheres Sediment bilden kann.

Außer der Stärke der Kruste ist die Eigenschaft derselben für ein einwandfreies Bohren ausschlaggebend; denn auch weniger dicke, aber klebrige Krusten können durchaus unerwünscht sein. Aus diesem Grunde soll über die Bildung von Filterkrusten und ihre Eigenschaften in bezug auf Festigkeit und Wasserdurchlässigkeit hier einiges Nähere gesagt werden.

Wie schon erwähnt wurde, ist die Krustenstärke in erster Linie vom Tongehalt der Spülung abhängig. Weiterhin ist die Beschaffenheit und Qualität des Tons, seine Stabilität und Haltbarkeit in der Spülung für die Bildung des Sediments wichtig. Obwohl Wasserabgaben, die früher in 24 Stunden gemessen wurden, schon genauere Bewertungen zuließen, führten sie im Hinblick auf die Ergründung der Eigenschaften der Tonkrusten nicht weiter. Erst bei der Einführung von Sulfit-Zellulose-Extrakt und Sulfitspritablauge für die Bearbeitung von Bohrspülungen in der Sowjetunion beschäftigte man sich mit der Frage der Abhängigkeit der Filterkrusteneigenschaften von der Zusammensetzung der Tonspülung und unterzog dieses Verhältnis einer eingehenden Untersuchung.

Unter Berücksichtigung aller wichtigen Faktoren, die auf die Filtrierung der Tonspülung im Wasserabgabegerät Einfluß nehmen, wurden folgende Gleichungen aufgestellt:

$$(V + V_0)^2 = K(t + t_0) \quad (1)$$

$$K = \frac{2PA^2(1-mS)}{r\eta dS} \quad (2)$$

Darin bedeuten:

V Volumen des Filtrats in cm^3
V_0 Volumen des Filtrats, das für die Bildung einer Kruste erforderlich ist, deren Widerstand gleich dem des Filterpapiers ist
t Filtrierzeit in Minuten
t_0 theoretische Filtrierzeit für das Volumen V_0
K Konstante
P Druckgefälle (-unterschied) bei der Filtrierung in at

[1]) Aus: „Tonspülungen für das Bohren von Bohrlöchern unter erschwerten Bedingungen", II. Teil, Staatl. Wiss.-Technische Ausgabe der Erdöl- und Brennstoff-Literatur, Moskau 1955.

A Fläche des Filters in cm^2
r spezifischer Widerstand der Kruste
n Viskosität des Filtrats in Centipoise
d spezifisches Gewicht des Filtrats
m Differenz des feuchten und trockenen Krustengewichtes
S Gewicht des trockenen Tones in einer Gewichtseinheit der Tonspülung

Der spezifische Widerstand der ausgefilterten Kruste errechnet sich dann wie folgt:

$$r = \frac{2 P A^2 (1 - m S)}{K n d S} \quad (3)$$

Der Wert, der zu r reziprok ist, d. h. die spezifische Durchlässigkeit, wird als Geschwindigkeit des Durchsickerns in Gramm eines Filtrats gemessen, das eine Viskosität von 1 Centipoise besitzt und durch eine Kruste mit der Fläche von 1 cm^2 durchläuft, die 1 g Ton enthält.

Bei dem Druckunterschied von 1 at bezieht sich dieser Wert auf den Zeitraum 1 Minute.

Besprechungen und Referate

NEUMAN, W. B.

Die expandierende Erde

Staatsverlag für geographische Literatur, Moskau 1962, 80 S., 17 Abb. (russ.)

Die noch junge Theorie der Erdexpansion ist, was ihre physikalische Begründung anbetrifft, ohne Zweifel spekulativ gewagter als die alte, schlicht mit Erdabkühlung begründete Kontraktionstheorie. Wenn sie dennoch Beachtung finden soll, so muß vor allem gezeigt werden, was sie zur Erklärung der tektonischen und morphologischen Gegebenheiten der Erdrinde zu leisten vermag und wie sie dabei mit gewissen Klippen und Widersprüchen fertig wird. Der sowjetische Geologe W. B. NEUMAN, über dessen erste kurze Publikationen zur Frage der Erdexpansion hier bereits referiert wurde, hat nunmehr in einem 80 Seiten starken Büchlein, das diese Leistung der Theorie in den Vordergrund stellt, alles zusammengetragen, was er zu ihren Gunsten vorzubringen vermag. In einer historischen Einleitung gelangt er von kosmogonischen Grundlagen über Plutonismus und Neptunismus zu Kontraktionstheorie, Pulsationstheorie und Brückenhypothese, nimmt zu den Konzeptionen der Mobilisten (WEGENER) und Fixisten (BUCHER bis BELOUSSOW) kritisch Stellung und findet, daß die Expansionstheorie „eine komplexe Erklärung vieler Probleme" biete, die die genannten Theorien nicht zu lösen vermöchten. Der Hauptpunkt ist die Aufteilung der Erdrinde in Gebiete kontinentalen und ozeanischen Typs, die Entstehung des letzteren, der scharfe Übergang zwischen beiden und das Fehlen eines Zwischentyps. Hier bietet die Theorie der sich ausdehnenden Erde eine in der Tat sehr einfache Erklärung: Die Ozeane waren eben im mittleren Mesozoikum noch nicht vorhanden. Sie sind erst mit der Erdexpansion durch die Zerreißung einer aus den heutigen Kontinenten bestehenden geschlossenen Hülle entstanden, die eine Erde mit weit kleinerem Radius vollständig bedeckte. Die Risse erweiterten sich zu ozeanischen Becken, wobei die Basaltschale der Erde sich ausdehnte und in diesen Becken so sehr ausdünnte, daß basaltische Ozeanböden von nur 5–6 km Mächtigkeit entstanden. Die kontinentalen Schollen aber führten z. T. sehr erhebliche Drehungen aus.

Einen Beweis für die Jugend der Ozeanböden sieht NEUMAN u. a. darin, daß keine vormesozoischen ozeanischen Sedimente gefunden wurden und daß besonders der Pazifikboden mit einer Riesenzahl von Vulkankegeln übersät ist. Die fast ebenen Abyssalsenken mit 5–6 km Wasserbedeckung deutet er als noch plastischer und daher jünger als die ein „Sägeprofil" aufweisenden Ozeanböden in 3–4 km Tiefe. Je tiefliegender ein Ozeanboden, desto jünger sei er. Für eine Aufreißung spreche u. a. der nur 10 km mächtige Boden des japanischen Meeres unmittelbar neben der 20–40 km mächtigen basaltischen Tiefenschicht der japanischen Inseln. Auf Dehnung und Zerreißung führt er auch das Schwarze Meer, den Mittelteil des Kaspischen Meeres und das Mittelmeer zurück, durch die z. T. Gebirgszüge unterbrochen werden. Ferner spreche der starke Wärmefluß der Ozeanböden trotz des Fehlens der radioaktiven Wärmeerzeugung des kontinentalen Sials für die Jugend der Ozeane. Die tieferen (jüngeren) Ozeanböden seien bei der Erdexpansion am meisten „durchgebogen" worden. Die auf eine allmähliche Senkung der Ozeanböden deutenden Gebiete der Koralleninseln und der Guyots seien durch Dehnungszonen voneinander getrennt worden. In den mittelozeanischen Schwellen erblickt er die Ausgangsgebiete der ozeanischen Zerdehnung. Die tief eingegrabenen, jung anmutenden submarinen Cañons an ozeanischen Küsten führt er auf die bei der Anpassung an eine Erde mit größerem Radius sich verringernde Wölbung der Kontinentalschollen zurück, deren Ränder dadurch Risse erhielten. Die schwer erklärbaren ozeanischen und ozeanrandlichen Phänomene haben denn auch das Interesse einiger Ozeanographen für die Expansionstheorie erweckt. So fügt G. B. MAINZEW, Seniorgeologe des Instituts für Ozeanologie der Akademie der Wissenschaften der UdSSR, dem Buch ein Nachwort hinzu, in dem er sich in dieser Hinsicht positiv, sonst allerdings auch recht kritisch äußert.

Die Initiatoren der Theorie bemühten sich, die heutigen Kontinente zu der vollkontinentalen Hülle einer verkleinerten vorozeanischen Erde zusammenzuschieben, und erblickten schon in dem annähernden Gelingen dieser (jedoch recht verschiedenen) Versuche ein starkes Argument für die Erdexpansion. Den ersten Versuch unternahm bereits 1933 O. CH. HILGENBERG, den zweiten I. W. KIRILLOW, der ihn 1958 publizierte. W. B. NEUMAN gibt KIRILLOW den Vorzug, da HILGENBERG die Zusammenfügung nur durch die Zerschneidung Nordamerikas in zwei weit auseinandergeschobene und -gedrehte Teilstücke zu erreichen vermochte, deren spätere Vereinigung zu dem heutigen Kontinent (trotz Erdexpansion!) sehr unwahrscheinlich anmutet. Auch habe er sich zu eng an WEGENER gehalten. Aber auch KIRILLOW macht ein kühnes Experiment. Er klappt die beiden Amerika mit ihren Westküsten so zusammen, daß sich der kalifornische Vorsprung in die südamerikanische Einbuchtung hineinpaßt und Alaska in das Ross-Meer des stark gedrehten antarktischen Kontinents eingreift. Europa steckt die Pyrenäenhalbinsel in den „Rachen" des mexikanischen Golfs hinein. Afrika hat den Südpol in seiner Mitte. Es ergibt sich – nach KIRILLOW noch für die Mittlere Kreide – eine vorozeanische Erde mit einem äquatorialen Faltungsring und alten Tafeln und Schilden an den Polen. NEUMAN hebt hervor, daß sich auf einer solchen Erde die heute durch weite Räume getrennten Kaledoniden zu einem einheitlichen Gürtel zusammenschlössen. Auch für die Zusammenführung von Gebieten mit gleicher Flora und Fauna zu geschlossenen biologischen Arealen sei das KIRILLOW-Modell weit günstiger als das HILGENBERGS, wofür NEUMAN einige Beispiele anführt. So seien 162 von 209 Pflanzenarten der Insel Juan Fernandez (bei Chile) auch auf der nahe Australien gelegenen Insel Lord Howe zu finden, und die Flora der Kerguelen sei der des 7400 km davon entfernten subantarktischen Teils von Südamerika sehr ähnlich.

Was die ozeanischen Küsten anbetrifft, so berücksichtigt NEUMAN nicht, daß den durch Dehnung erklärbaren Küsten atlantischen Typs die pazifischen Küsten gegenüberstehen, deren Charakter auf ozeanwärts gerichtete Kontinentbewegungen hindeutet. Auch die großen zentralasiatischen Zusammenschübe im Gegensatz zu den Dehnungsphänomenen der Südhalbkugel bleiben unerwähnt. Als die „Achillesferse" der Theorie bezeichnet er selbst die Gebirgsbildung auf einer expandierenden Erde. Die Argumente, die er für ein prägeosynklinales sowie das erste synklinale Dehnungsstadium anführt, versagen bei der Gebirgsbildung selbst: den Faltungsvorgängen, dem Aufstieg der Gebirge und der Entstehung der Gebirgswurzeln. NEUMAN hilft sich mit der Annahme einer Auflockerung (Entdichtung) der kristallinen und sedimentären Gesteine bei gleichzeitigem Aufquellen der mit expandierenden Gasen gesättigten Magmen während eines zeitweiligen Stillstandes der Erdexpansion.

Leider unternimmt es der Verf., die diskutable physikalische Begründung einer möglichen Erdexpansion mit Differentiationsvorgängen in Erdkern und Mantel (DIRAC, EGYED) durch die Annahme einer Massenzunahme der Erde infolge von Entstehung von Materie (!) unter kosmischer Einwirkung zu ersetzen, ein Gedanke, der wenig geeignet ist, der Theorie neue Freunde zu gewinnen. Eine Erdexpansion, die im wesentlichen erst in der Mittleren Kreide einsetzen und zur Bildung der Ozeane führen soll, also nicht auf einen sich während der Jahrmilliarden der Erdgeschichte vollziehenden Prozeß zurückgeführt werden kann, ist ohnehin unwahrscheinlich genug.

Eine Frage, die W. B. NEUMAN mit keinem Wort berührt, ist schließlich die des Wasserhaushalts der Erde. Die Wassermengen der heutigen Ozeane würden offensichtlich eine kleinere, nur aus den heutigen Kontinenten bestehende Erdrinde vollständig bedeckt haben. Die Gesamtausdehnung der flachen Transgressionsmeere ist zwar seit der Cenoman-Transgression mehr und mehr zurückgegangen, die damit verfügbaren Wassermengen aber kommen gegenüber dem Volumen der Ozeanbecken nicht in Betracht. Diese müßten sich also fast vollständig mit juvenilem Wasser gefüllt haben. Könnte aber den bei der Ozeanbildung empordringenden Magmen eine Wasserabgabe derartigen Umfangs zugeschrieben werden?

Hier ist nach Meinung des Referenten die schwierigste der Klippen, die sich dem Erfolg der in mancher Hinsicht interessanten Expansionstheorie entgegenstellen. Die Grundprobleme jedoch, für die diese Theorie eine Lösung anbietet, bleiben bestehen. Das Erscheinen des Buches beweist, daß ernste Bemühungen um diese Probleme in der Sowjetunion Beachtung finden. H. HAVEMANN

STRASHGORODSKI, S. I.

Erkundungsergebnisse, Bestimmung von Hauptparametern einer Speicherschicht und Überprüfung der hermetischen Abdichtung mit Hilfe einer Gaserregungsmethode auf einer Rjasaner Struktur

In: „Erkundung unterirdischer Gasspeicher in der UdSSR", Redaktion JEROFEJEW, Gostoptechisdat, Moskau 1962

Die Arbeit von STRASHGORODSKI stellt einen zusammenfassenden Bericht über die für einen unterirdischen Gasspeicher mit einem Aufnahmevolumen von 500 Mill. m^3 durchgeführten Erkundungsarbeiten dar. Im Gebiet einer großen Antiklinalstruktur auf einer Fläche von 140 km^2 wurden insgesamt 54 Strukturbohrungen niedergebracht, deren durchschnittliche Teufen bei etwa 900 m (12 Bohrungen) und 280 m (42 Bohrungen) liegen.

Im ersten Teil des Berichts geht Verf. auf den geologischen Bau und auf die möglichen Speicherschichten ein. Als günstigster Speicher wurde die „kohleführende" Schicht ausgewählt. Die Ablagerungen bestehen zum weitaus größten Teil aus fein- bis mittelkörnigen gut klassierten Quarzsanden, deren Korngröße bei 0,1—0,25 mm liegt. Die nur unwesentlich auf das Wasserregime wirkenden Tonschichten halten nicht durch und keilen teilweise aus. Der gesamte Horizont kann als Speicher angesehen werden. Seine Mächtigkeit liegt zwischen 10—12 m und 80—90 m.

Von besonderer Wichtigkeit ist die geologische Untersuchung und die Kontrolle der Deckschicht. Die Anforderungen, die an eine solche Schicht gestellt werden, erfüllen die Tone des Tulski-Horizonts, der eine regional fast unveränderte Mächtigkeit von 13 m hat. Die Amplitude der Rjasaner Antiklinale beträgt etwa 50 m. Die Schichten fallen zu den Randbereichen unter einem Winkel von 1—1,5° ein.

Im nächsten Abschnitt wird die Hydrogeologie behandelt. Die wichtigsten Aufgaben sind:

1. Untersuchung des Schichtwassers,
2. Bestimmung des Schichtdrucks und Überprüfung der natürlichen Druckgradienten,
3. Untersuchung der speziellen Eigenschaften der Speicherschicht,
4. Untersuchung der dynamischen Verbindung zwischen einzelnen Zonen des Speichers (hydrogeologische Grenzen, tektonische Störungen, Auskeilen von Schichten usw.),
5. Überprüfung der Geschlossenheit der abdeckenden Tone.

Der Schichtdruck betrug 11,5 at. Unterschiedliche statische Drücke im Topbereich (12,4 at) und an den Rändern der Struktur (12,04 at) ergaben das Vorhandensein einer Wasserbewegung in Fallrichtung der Schichten. Die Bestimmung der Permeabilitätskoeffizienten wurde nach zwei Methoden durchgeführt. Die Ergebnisse stimmten überein. Für die Speicherschicht wurde eine Permeabilität von 5—7 d errechnet. Die Porosität beträgt 25% und ist nur geringen regionalen Veränderungen unterworfen.

Zur Überprüfung der Zuverlässigkeit der Deckschicht wurden schon im Stadium der geologischen Erkundung drei Bohrungen oberhalb des Tons niedergebracht und mit Piezographen versehen. In andere Sonden, die im Speicher perforiert waren, preßte man Luft ein. Mit diesem Verfahren konnten folgende Probleme gelöst werden:

1. Reaktion anderer in der Speicherschicht perforierter Sonden,
2. Reaktion der Prüfsonden oberhalb der hermetisch abschließenden Schicht,
3. Feststellen der Aufnahmefähigkeit der Sonden bei Luft.

Der erste Komplex wurde mit der Formel des elastischen Regimes ausgewertet:

$$\Delta P = \frac{\Delta Q \cdot \mu}{4\pi \cdot k \cdot h}\left[-\operatorname{Exp}\left(\frac{r^2}{4\varkappa t}\right)\right]$$

wobei ΔP — Druckveränderung in dem Punkt, der sich in einer Entfernung r von der Erregersonde befindet, in einem Zeitpunkt t vom Anfang der Erregung aus; ΔQ — Verbrauchsänderung; μ — Zähflüssigkeit des Schichtwassers; k — Permeabilitätskoeffizient; h — mittlere Mächtigkeit der Schicht zwischen Erregersonde und reagierender Sonde; Exp — Exponentialfunktion; $\varkappa$ — Piezoleitfähigkeit.

Aus dieser Formel kann bei bekannten ΔP und ΔQ auch der Permeabilitätskoeffizient nach der Methode von I. P. BORISOW errechnet werden.

Die Höhe der Gas-(Luft-)Blase im Speichergestein kann nach folgender Formel errechnet werden (wobei der Druck in der Gasblase gleich dem hydrostatischen in ihrem unteren Teil sein soll):

$$h = / Pg - Ps / \frac{10}{\gamma}$$

wobei Pg — Druck in der Gasblase in at; Ps — hydrostatischer Druck im oberen Teil des Speichers in at; γ — spezifische Wichte des Schichtwassers.

Im letzten Teil schildert Verf. eine Methode der Suche nach durchlässigen Stellen in der Deckschicht. Ihr liegt das System der Erregung in Sonden unterhalb der Deckschicht und der Reaktion in Prüfsonden oberhalb von ihr zugrunde. Mit großer Genauigkeit wurden Charakter und Ort einer solchen Stelle bestimmt. H.-J. KAMPS

Anonym

„Bubble" gas-storage test hits a snag

„The Oil and Gas Journal", H. 2 (1963), S. 69

Bei dem in der Nähe von Chicago seit 1959/60 laufenden Versuchsprojekt der Northern Illinois Gas Co. sollen die Möglichkeiten der Untergrundgasspeicherung bei söhligen Lagerungsverhältnissen untersucht werden (water-wall-storage).

Speicherhorizont ist der in 300 m Teufe angetroffene St.-Peter-Sandstein, der von der > 100 m mächtigen Schichtenfolge der Trenton-Stufe überlagert wird. Acht Bohrungen dienen zur Wasserinjektion in den Speicher. Sie sind auf der Peripherie eines Kreises von 520 m Durchmesser angeordnet und sollen mittels des durch Injektion erhöhten hydrostatischen Drucks das Entweichen des Gases verhindern, das über die im Kreismittelpunkt niedergebrachte Einpreßbohrung dem Sandstein zugeführt wird. Fünf weitere Sonden dienen zur Kontrolle des Aufladevorgangs.

Schwierigkeiten traten bei der versuchsweisen Wasserinjektion ein. Die Injektion wurde durch Absätze von Fe-Verbindungen, bakteriell bedingte Verstopfungen und Nachdrücken der Schicht behindert. Durch Säurebehandlung, Installation von Filtern und Behandlung des Injektionswassers wurden die Komplikationen behoben. Das Wasser wurde mit einer Rate von 75 l/min in jede Bohrung injiziert. Nach Ablauf eines Monats wurde in der zentralen Gasinjektionsbohrung ein Druck von 17,5 at beobachtet, das sind 5,25 at über dem normalen hydrostatischen Druck im Speicher, und erforderte 42 at in den Wasserinjektionsbohrungen. Daraufhin begannen die Lufteinpreßversuche in der zentralen Sonde mit einem Druck von 24,5 at. Die durchschnittliche Injektionsrate betrug zunächst 8500 m^3/Tag, später 5600 m^3/Tag und mit einem Druck von nur 0,7 at über dem der Wasserphase. Diese Reduzierung war notwendig, weil während des ersten Versuchsabschnittes das Entweichen von Luft im randlichen Gebiet festgestellt wurde, was die vorübergehende Unterbrechung der Lufteinpressung und sofortige intensive Wasserinjektion im Randgebiet erforderte. Insgesamt wurden ca. 700000 m^3 Luft einpepreßt. Die erreichte Auffüllung des Speichers betrug nach den Ergebnissen des Neutronenlogs ca. 2,5 m. Für den Durchmesser der Gasblase war der Wert von 280 m berechnet worden. Die letzte Phase der Arbeiten umfaßte die Luftentnahme aus der zentralen Bohrung bei ständiger Wasserinjektion im Randgebiet. Nach der Entnahme von nur 38000 m^3 wurde die völlige Verwässerung festgestellt. Für die Erklärung des Defizits kommen Undichtigkeiten des Deckgebirges, vor allem aber Verluste durch Entweichen der Luft außerhalb des Ringes der Wasserinjektionsbohrungen in Frage. Die Untersuchungen werden weitergeführt.

W. Lange

Thar, R.

Das Gefrierkernbohren, ein neuartiges Untersuchungsbohrverfahren

„Glückauf", Jg. 99, Essen 1963; H. 12, S. 664

Es wird ein amerikanisches Bohrverfahren beschrieben, mit dem es möglich ist, bis zu 75 m Teufe Kerne aus Lockergesteinen zu gewinnen. Der Kerngewinn wird dabei mit mindestens 98% angegeben.

Zur Verwendung kommt eine unterkühlte Spülflüssigkeit, Dieselöl mit rd. —30°C. In einem wärmeisolierenden Tank mit 1500 l Fassungsvermögen wird Dieselöl auf eine Temperatur von ca. —35°C gebracht. Nach Umlauf der Spülungsflüssigkeit, die dabei eine Erwärmung auf ca. —15° bis —12°C durchmacht, wird diese über Trockeneis (CO_2) geleitet und wieder auf —32°C abgekühlt.

Es wird zunächst als Vollbohrung etwa zwischen 15—50 m mit 120-mm-Meißel vorgebohrt, verrohrt und dann mit Wasser klar gespült. Anschließend wird das Bohrloch durch Druckluft mit 6 kg/cm² und einer Menge von 17 m^3/min von Wasser und Schmutz gereinigt. Die Anwesenheit von Wasser würde bei Eindringen der Spülflüssigkeit Pumpen und Gestänge gefrieren lassen. Nachdem anschließend etwa 10 min lang die Gefrierspülung zirkuliert hat, kann mit dieser Spülung gekernt werden. Dabei ist alle 6 m die Rohrtour nachzusetzen. Die Kernrohre haben eine Länge von 3 oder 6 m. Die gesamten Gefrierkernstrecken wiesen jeweils Längen von 8—17 m auf. Als besonders brauchbar erwiesen sich Diamantkronen mit Diamanten, von denen 30 auf 1 Karat kommen. Größere Steine rissen die Kieselsteine aus dem Verband heraus.

Das im Gefrierkern gewonnene Gestein war: unverfestigter Sand, der groben Kies mit Geröllen bis zu 100 mm Durchmesser enthielt. Als höchste reine Bohrzeit bei fehlenden Kieseln der beschriebenen Art wird 24 cm/min angegeben.

Für die Kostenberechnung ist wissenswert: Für eine 10 m lange Gefrierkernstrecke in 33 m Teufe wurden 1000 kg Trockeneis und 3250 l Dieselöl verbraucht. Das Dieselöl kann nach Einstellen der Bohrung durch Druckluft wieder zurückgewonnen werden.

K. Kauter

Baranow, E. N., G. J. Bertepow & G. D. Gladyschew

Gangnahe Veränderungen der Nebengesteine von U-Lagerstätten

„Geol. rudn. mestorosh.", Nr. 6 (1962), S. 33—45

Die untersuchte hydrothermale U-Lagerstätte liegt in paläozoischen effusiv-sedimentären Schichten, die Quarzporphyre, Felsite, Tuffe und Tufflaven von Quarzporphyren enthalten. Die Erzgänge sind an steil fallende Störungszonen gebunden. Charakteristisch ist dabei das Auftreten von „blinden" Erzkörpern, die die Erosionsoberfläche nicht erreichen. Die Lagerstätte bildete sich bei niedrigen Teufen (nicht mehr als 600 m von der Erdoberfläche) und Temperaturen. Erzmineralien sind Pechblende und Galenit in einem karbonatischen Mittel. In untergeordneten Mengen treten auch Quarz, Fluorit, Chlorit, Pyrit, Molybdänit, Sphalerit, Chalkopyrit und Goethit auf.

Um die Erzgänge herum entwickelten sich fackelartige Aureolen veränderter Gesteine. Sie können größere Ausmaße erreichen und sind besonders in den Bereichen über den Erzkörpern intensiv ausgeprägt.

Diese Aureolen zeigen eine deutliche horizontale und vertikale metasomatische Zonalität. Im horizontalen Schnitt treten in den oberen Teilen des Erzkörpers vier Zonen veränderter Gesteine auf (vom Erzkörper zum unveränderten Gestein): Argillitisierung (mit Montmorillonit), Verquarzung, Albitisierung (nur mikroskopisch sichtbar) und Ausbleichung mit Pyritisierung. Die vertikale Zonalität äußert sich in einer in den oberen Teilen des Erzkörpers und über ihm intensiven Albitisierung und einer schwachen Serizitisierung in den tieferen Teilen des Erzkörpers.

Alle Erzkörper und erzführenden Klüfte werden von einer Rotfärbung des Gesteins begleitet (Hämatit). Die rotgefärbten Gesteine sind durch erhöhte U-Gehalte gekennzeichnet.

Das Vorhandensein einer vertikalen Zonalität kann für praktische Arbeiten verwendet werden, da die ungefähre Lage des Erzkörpers von Oberflächenaufschlüssen oder bergmännischen Auffahrungen aus ermittelt werden kann. Eine intensive Albitisierung weist auf die oberen Teile von Erzkörpern, während eine schwache Serizitisierung die tieferen Bereiche der Erzgänge fixiert.

Die Verbreitung der Nebengesteinsveränderungen auf beträchtliche Entfernungen über den Erzkörpern muß bei der Erkundung verdeckter Vorkommen berücksichtigt werden. Erstrangige Bedeutung bekommt dabei jener Umstand, daß sich die verschiedenen Arten der Veränderungen auf unterschiedliche Entfernungen ausdehnen: Ausbleichung und Pyritisierung bis 100—150 m, manchmal bis 300 m, Rotfärbung bis 100—140 m, Albitisierung bis 20—60 m und Argillitisierung bis 20 m.

W. Beyer

Filippow, E. M.

Angewandte Kerngeophysik

Verl. Akad. Wiss. UdSSR, Moskau 1962; 580 S., 372 Abb.

Wie der Untertitel des Buches „Die Anwendung von Kernstrahlungsquellen in der Geologie und Geophysik" besagt, liegt hier erstmalig eine Gesamtdarstellung aller derjenigen Verfahren, Methoden und Apparaturen vor, bei denen Strahlungsquellen — hauptsächlich Gamma- und Neutronenstrahler — zur Lösung geologischer, geophysikalischer, bergbaulicher und tiefbohrtechnischer Aufgaben verwendet werden. Nicht behandelt sind daher die zur Untersuchung der natürlichen Radioaktivität von Erzen, Gesteinen und Wässern angewandten Geräte und Verfahren.

Die Darstellung bezieht sich auf den 1960 erreichten internationalen Entwicklungsstand. Seit langem in großem Umfang angewandte Verfahren sind allerdings z. T. relativ kurz behandelt, während manchen in der Praxis noch wenig angewandten oder nur versuchsweise eingesetzten Verfahren, wie der Fotoneutronen-Bohrlochmessung, ziemlich breiter Raum eingeräumt ist. Spektrometrische bzw. auf bestimmte Energieniveaus festgelegte Messungen sind dagegen nur am Rande abgehandelt. Auf die Schwierigkeiten, die bei kernphysikalischen Bohrlochmessungen in großer Teufe und bei demzufolge hoher Temperatur entstehen, und die technischen Wege zu ihrer Überwindung wird nicht eingegangen. Trotzdem gelingt es dem Autor und den zur Abhandlung einzelner Spezialgebiete zusätzlich herangezogenen Mitarbeitern, dem Leser einen nahezu umfassenden Überblick über das Gesamtgebiet zu geben. Abgesehen von der umfangreichen allgemeinen physikalischen Einführung wird jedes einzelne Verfahren gesondert theoretisch begründet und in sich abgeschlossen dargestellt. Hunderte von Literaturhinweisen gestatten es im Bedarfsfalle, weitere Informationen zu erschließen. Hervorhebung verdient das alphabetische Sachregister, das in sowjetischen Veröffentlichungen sonst meist fehlt.

Das Werk umfaßt 27 Kapitel, die in die folgenden sieben Hauptteile geordnet sind: 1. Kernphysikalische und gesteinsphysikalische Grundlagen; 2. Geräte und Apparaturen der Kerngeophysik (Strahlendetektoren, wichtigste Bauelementgruppen, Labor-, Feld- und Bohrlochgeräte, Teilchenbeschleuniger, apparaturbedingte Meßfehler); 3. Labormethoden und 4. im Feldbetrieb und Bergbau eingesetzte Methoden zur Untersuchung von Gesteinen und mineralischen Rohstoffen mittels radioaktiver Strahlungen; 5. Bohrlochmeßverfahren (Gamma-Gamma-, Neutron-Neutron-, Neutron-Gamma-, Aktivierungs-, Fotoneutronen-, Neutronengeneratorverfahren, Tracermethoden); 6. Modellierung nach dem Ähnlichkeitsprinzip; 7. Grundlagen des Strahlenschutzes. In elf Beilagen sind Neutronenreaktionen und wichtige, in der Sowjetunion produzierte Bauelemente kerngeophysikalischer Apparaturen, wie Zählrohre, Fotoelektronenvervielfacher und Mehrkanal-Impulshöhenanalysatoren tabelliert. K. LEHNERT

SMITH, B.

Bauxite, Alumina and Aluminium

Overseas Geol. Surv., Her Majesty's Stationery Office, London 1962

Der erste Abschnitt dieses Buches ist dem Bauxit gewidmet. Es werden die primären und sekundären Aluminiumminerale, die Bauxitbildung und die Laterite kurz beschrieben.

Des weiteren wird die chemische und mineralogische Zusammensetzung der Bauxite behandelt. Das Alter, die stratigraphische Stellung und die Art des Auftretens werden einer kurzen Betrachtung unterzogen. Interessant ist der Abschnitt über den Einfluß der Muttergesteine auf die Art des Auftretens und die Zusammensetzung der Bauxite.

Es werden die indirekten (geophysikalischen) und direkten Erkundungsmethoden von Bauxit erwähnt. Umfangreichere Betrachtungen sind den Verwendungs- und Verarbeitungsmöglichkeiten gewidmet worden. Die Weltbauxitproduktion und der Handel werden ausführlich beschrieben und tabellarisch belegt. In den Abschnitten über Aluminiumoxyd und Aluminium sind die technischen Gewinnungsprozesse und die technische und ökonomische Bedeutung dieser Rohstoffe in den Vordergrund gestellt. Anschließend werden die Bauxitlagerstätten, Aluminiumoxyd- und Aluminiumproduktionsstätten in aller Welt behandelt. Besondere Beachtung wird dabei den Ländern des Commonwealth und den britischen Kolonien geschenkt. Für jedes Land werden gesonderte Literaturangaben gemacht. In drei Karten sind die Bauxitlagerstätten und Aluminiumproduktionsstätten dargestellt worden. J. RENTZSCH

SCHWAB, G.

Klufttektonische Untersuchungen der Nordlausitzer Grauwackenformation unter Berücksichtigung der Gesteinsklüftung des Lausitzer Zweiglimmergranits

Abh. Deutsch. Akad. Wiss. Berlin, Kl. Chem., Geol. u. Biol., Jg. 1962, Nr. 2, Abh. Geotekt. 21, Akad.-Verl., Berlin 1962. — 80 S., 31 Abb., 57 Diagr. auf 5 Einschlagtaf. u. 5 Kunstdrucktaf., DM 21,—

Tektonische Untersuchungen in unseren größeren Grauwackengebieten — man denke nur an die Südharz- und Selkegrauwacke des Harzes, an die Ziegenrücker Kulmmulde des Thüringischen Schiefergebirges oder auch an die sächsischen Grauwackenvorkommen — wurden bisher nur recht selten vorgenommen. Ursache dafür sind einmal die lithologisch oft ziemlich monotone Ausbildung dieser Serien und zum anderen die meist dürftige bis vollkommen fehlende Fossilführung, d. h. der Mangel an für tektonische Arbeiten unbedingt notwendigen stratigraphischen Bezugshorizonten. Bei der Nordlausitzer Grauwackenformation kommt erschwerend noch hinzu, daß es sich hier um einen recht alten, wahrscheinlich präkambrischen Gesteinskomplex handelt, in dem brauchbare paläontologische Belegstücke wohl überhaupt nicht enthalten sind. Um so mehr ist zu begrüßen, daß Verf. trotz dieser objektiven Schwierigkeiten eine sehr eingehende Analyse des tektonischen Inventars vornahm und darüber hinaus durch Vergleichsuntersuchungen in den stratigraphisch besser fixierten Horizonten des Görlitzer Schiefergebirges sowie in den granitischen Gesteinen der Lausitz eine relative zeitliche Einordnung der Deformationsvorgänge versuchte.

Das heutige tektonische Bild der Nordlausitzer Grauwacke entstand — in genetischer Reihenfolge — durch Faltung, Zerschieferung an schieferungsartigen Flächen, Versatz an Bewegungsflächen und Lagerungsstörungen im Zusammenhang mit der Intrusion des Lausitzer Granodiorits. Bei der Zuweisung der einzelnen Akte zu bestimmten Phasen in der geotektonischen Erdentwicklung ist allerdings Vorsicht geboten, da ja in diesem Gebiet beispielsweise weder eine assyntische noch eine kaledonische Faltung sicher nachweisbar ist. Dem Deformationstyp der Grauwacken gleich bzw. sehr ähnlich ist der eines großen Teils der granitisierten Gesteine (Lausitzer Zweiglimmergranit), nur bei stärkerer Granitisation geht das Flächengefüge in eine Tiefengesteinsklüftung, wie sie der Lausitzer Granodiorit aufweist, über.

Besonders hervorzuheben ist noch die gute Ausstattung der Arbeit mit zahlreichen Abbildungen, Diagrammen und Übersichtskärtchen. D. FRANKE

KISTER, E. G.

Untersuchungen über die Salzbeständigkeit der Palygorskite

„Kolloid Journal", Bd. XXII, Nr. 6 (1960), S. 680—688

Palygorskite (Attapulgite) unterscheiden sich von anderen Tonmineralien durch die hohe Stabilität ihrer Suspension gegen Salzkoagulation. Charakterisiert wird die Stabilität durch hohe Viskosität und Schubspannung in Salzlösungen, durch das Fehlen von Syneresis, selbst bei Übersättigung, durch maximale Quellfähigkeit in Süß- und Salzwasser und durch stufenhaften Charakter des isothermen Prozesses. Letzteres erklärt sich durch den Wechsel der Wasseraufnahme zwischen den Teilchen und auf der Oberfläche sowie aus der Füllung der inneren Kristallräume.

Die Salzbeständigkeit des Palygorskits ist durch seinen kristallinen Aufbau erklärlich, durch seine faserartige Struktur, die leicht im Elektronenmikroskop zu untersuchen ist, durch erhöhte hydrophile Eigenschaften und die Verteilung der absorbierten Austauschpositionen im Innern der Kristallkanäle. Die koagulierten Ionen lokalisieren sich deshalb auf der inneren Oberfläche und nehmen deshalb keinen Einfluß auf die hydrophilen Eigenschaften des Systems und somit auf ihre kinetische und aggregative Beständigkeit. Bei einer Reihe anderer morphologisch ähnlicher Minerale kann man Palygorskite hinreichend genau identifizieren durch röntgenographische und elektronische Mikroskopie, durch chemische Analysen entsprechend dem Verhältnis

$$Al + Fe^{+3}\ Mg \sim 1$$

und durch unmittelbare Messungen der Salzbeständigkeit. Durch Tabellen, Kurven und elektronenmikroskopische Aufnahmen werden die Untersuchungen bestätigt. B. HEYNE

LLAMAS MADURGA, M. R.

Estudio geologico-tecnico de los terrenos yeriferos de la cuenca del Ebro y de los problemas que plantean en los canales

„Informaciones y Estudios", Serv. Geol., Bd. 12, Madrid 1962

Bei der vorliegenden Arbeit handelt es sich um eine Schrift, die, ausgehend von den geologischen Verhältnissen, die Entwicklung und Formenbildung im Gipskarst behandelt und dann auf die Schäden im einzelnen sowie auf die technischen Maßnahmen zu ihrer Behebung eingeht. Die Arbeit besteht aus zwei Hauptteilen. Im ersten werden die geologischen Verhältnisse, insbesondere die Verbreitung des Gipses nach stratigraphischen und regionalen Gesichtspunkten, beschrieben. Weiterhin folgt eine Darstellung der Entwicklung unterirdischer und oberirdischer Geländeformen und der sich daraus ergebenden Schäden an den Bewässerungskanälen dieses Gebiets. Im zweiten Teil wird auf die Schäden näher eingegangen. Man beobachtet insbesondere zwei Arten: Einmal solche, die auf die aggressiven Eigenschaften der gipshaltigen Wässer gegenüber Beton- und Mauerwerk zurückzuführen sind, und zum anderen solche, die mit der Auflösung von Gips des Bau- und Untergrundes im Zusammenhang stehen: Einbrüche, Geländesenkungen usw.

Nach einem spanischen Standard darf das Betonanmachwasser nicht mehr als 0,3 g/l an Sulfaten (gemessen in SO_3) enthalten. Manche Autoren sind auch der Meinung, daß diese Grenze bei 1,5 g/l liegen kann.

Außer den Schäden, die auf die Aggressivität der Wässer zurückzuführen sind, bewirkt das Wasser auch eine Umwandlung des Anhydrits in Gips. Die hierbei auftretende Volumenzunahme beträgt bis zu 50%.

Man hat versucht, den Verkarstungseffekt größenmäßig zu erfassen. Bei Studien in der Sowjetunion ist man zu einem Faktor der Verkarstungsintensität von 1,67% gekommen, d. h., in 1000 Jahren werden 1,67% des lösbaren Gesteinsvolumens aufgelöst. Je nach Art des Vorkommens hat der Gips eine mehr oder weniger große Lösungstendenz. Dabei ist zu beachten, daß Ton für salzhaltiges Wasser durchlässiger ist als für süßes Grundwasser. Fein verteilter Gips löst sich schneller als kompakter. Bei den Senkungen glaubt man, einen ähnlichen Vorgang beobachtet zu haben, wie dies beim Löß der Fall ist (Zusammensinkbarkeit und Suffosion). Man nimmt an, daß der Gips in den Schluffen eine ähnliche Funktion hat wie die $CaCO_3$-Brücken im Löß.

Größere Schäden treten bevorzugt in Zonen der Wassersättigung und der Wasserbewegung auf. Das ist insbesondere im Bereich der Talsohlen der Fall, weshalb man auch vom „Gesetz der Talsohlen" spricht.

Auf Grund der bisherigen Erfahrungen lassen sich folgende Gesetzmäßigkeiten bei den Sicherungsmaßnahmen aufstellen:

Gießbeton über einer Tonschicht, die, um das Quellen des Tons zu vermeiden, mit Kies vermischt wird, hat sich gut bewährt. Es liegen aber bisher keine großen Erfahrungen vor.

Beton aus Portlandzement ist aus mehreren Gründen unzweckmäßig. Erdfälle und Senkungen zeigen sich nicht allmählich an. Es muß auf die Kornzusammensetzung des Betons geachtet werden.

Neuerdings wendet man Betonplatten (5 × 2,5 m an der Kanalsohle und 2,5 × 2,5 m an den Kanalrändern) an. Die Fugen werden mit Asphalt vergossen. Die Dicke der Platten beträgt 25 cm. Es liegen keine großen Erfahrungen vor.

Die schadhaften Stellen werden meist mit armierten Betonplatten saniert, was sich sehr gut bewährt hat.

Eine doppelte armierte Auskleidung mit dazwischenliegender Dränageschicht wird als „armierte Wanne" bezeichnet. Diese Bauweise hat sich teilweise als sehr nachteilig erwiesen. Die bisherigen Erfahrungen zeigen, daß Beton aus Spezialzementen nicht wesentlich bessere Eigenschaften als Portlandzement hat.

Mauerwerk wird heute nicht mehr verwendet. Eine neue Methode der Auskleidung stellen Asphaltplatten dar. Der Kanal läßt sich aber sehr schwer reinigen. Ziegelmauerwerk ist zu unwirtschaftlich und hat sich nicht bewährt. In unausgekleideten Tunneln, die im festen unverwitterten Gips stehen, zeigen sich im allgemeinen keine Schäden.

Aquädukte stellen die sicherste Bauweise dar. Die Fundamente müssen direkt auf unverwittertem Gips (7—8 m unter Oberfläche) gegründet werden. Die Fundamentpfeiler erhalten einen Schutz gegen chemische Korrosion.

Injektionen haben sich in verschiedenen Fällen zur Behebung von Schäden bewährt.

Beim Aufsuchen von unterirdischen Hohlräumen ist die Echosonde mit Erfolg eingesetzt worden. Man hat Höhlen bis 100 m³ Größe geortet, die sich in weniger als einem Jahr gebildet haben.

Die vorliegende Arbeit stellt einen ausführlichen und ausgezeichneten Beitrag über die Untersuchung des Gipskarstes dar und gibt sehr wertvolle, auf Erfahrungen beruhende Hinweise zum Bauen auf Gipsgebieten. F. Reuter

Prescher, H.

Jahrbuch des Staatlichen Museums für Mineralogie und Geologie zu Dresden 1962

Verlag von Theodor Steinkopff, Dresden und Leipzig 1963, 335 S., 66 Abb. u. 16 Kart. im Text, 54 Fig. auf 17 Taf.

Das Jahrbuch 1962 des Staatlichen Museums für Mineralogie und Geologie zu Dresden ist mit seinen 335 Seiten und den zahlreichen guten Abbildungen das bisher umfangreichste dieser Reihe.

Nach kurzen Berichten über die Arbeit des Museums im Zeitraum 1960/61 (H. Prescher) sowie über eine Exkursion in die Rotliegendvulkanite Nordwestsachsens (H. W. Quellmalz) wird von H.-D. Beeger eine eingehende Beschreibung der petrographischen und technischen Eigenschaften des Labiatussandsteins (Unterturon) im Raum Königstein—Cotta gegeben. Über einen nicht alltäglichen Fall angewandtgeologischer Tätigkeit im Dienste der Denkmalspflege berichten danach H.-D. Beeger, H. Prescher & H. W. Quellmalz in ihrem Aufsatz über die geologisch-mineralogischen Untersuchungen an den Sandsteinen und Zementen der Goldenen Pforte des Freiberger Domes, die stellenweise beträchtliche Verwitterungsschäden aufweisen. G. Piela macht den Leser mit dem neu entdeckten, aus Granulit entstandenen Kaolinvorkommen von Geringswalde bekannt. Einen Beitrag zur Kenntnis der Böden des Tharandt-Grillenburger Waldes liefern H.-J. Fiedler & H. Schmiedel. Besonders den Quartärgeologen werden die Bemerkungen W. Nebes, M. Altermanns & H.-J. Fiedlers zum Problem des Geschiebedecksandes, den Paläobotaniker dagegen M. Barthels mikropaläontologische Untersuchungen im Rotliegenden des Döhlener Beckens interessieren. Auf nahezu 100 Seiten vermitteln schließlich S. Bortitz & W. Eibisch einen umfassenden Überblick über die Höhlen der Sächsischen Schweiz. Am Schluß des Heftes kommt wie gewohnt die Geschichte der Geologie zum Wort. Diesmal berichtet R. Zaunick aus dem Leben und Wirken, insbesondere dem paläontologischen Sammeln und Forschen, des Dresdener Kupferstechers Moritz Müller-Steinla.

D. Franke

Neuerscheinungen und Literaturhinweise

Junkow, A.
Die Interpretation von Magnet- und Schwereanomalien über kuppelartigen Strukturen
Gosgeoltechisdat, Moskau 1962, 28 S.

Lundqvist, G.
Geological radiocarbon datings from the Stockholm station
Sveriges Geologiska Undersökning, Stockholm 1962, 23 S.

Lundqvist, J.
Patterned ground and related frost phenomena in Sweden
Sveriges Geologiska Undersökning, Stockholm 1962, 101 S.

Nejman, W.
Fragen der Methodik der paläotektonischen Analyse bei Plattformbedingungen
Gosgeoltechisdat, Moskau 1962, 84 S.

Tagejewa, N. W. & M. M. Tichomirowa
Die Geochemie der Porenwässer bei der Diagenese mariner Sedimente. Am Beispiel der Sedimente des Kaspischen Meeres
Verl. AN SSSR, Moskau 1962, 244 S.

Koslow, W.
Geologie und Genese der Sebelinsker Erdgaslagerstätte
Gostoptechisdat, Moskau 1962, 174 S.

Ammosow, I. I. & Tan Sju-i
Die Stadien der Veränderung der Kohlen und die paragenetischen Beziehungen der fossilen Brennstoffe
Verl. AN SSSR, Moskau 1961, 116 S.

Landis, E.
Uranium and other trace elements in devonian and mississippian black shales in the central midcontinent area
Geol. Surv. Bull., 1107 — E., Washington 1962.

Albers, J. & J. F. Robertson
Geology and ore deposits of East Shasta copper-zinc district, Shasta County, California
Geological Survey Professional Paper 338, Washington 1961, 107 S.

Asisbekow, S. A., u. a.
Geologie der Blei-Zink-Lagerstätten des Kaukasus und ihre Verteilungsgesetzmäßigkeiten
Gosgeoltechisdat, Moskau 1962, 165 S.

Varnes, D.
Analysis of plastic deformation according to von Mises' theory with application of the South Silverton area, San Juan County, Colorado
Geological Survey Professional Paper, Washington 1962.

Bykowa, W.
Die Typen der Lößgesteine der Südukraine und ihre ingenieurgeologische Charakteristik
Verl. AN SSSR, Moskau 1962, 113 S.

Nachrichten und Informationen

Erdöl/Erdgas

Öl und Gas in Westdeutschland 1962

Bei einer Produktion von etwa 6,8 Mill. t im Jahre 1962 beträgt der Anteil der westdeutschen Erdölförderung an der Weltförderung nur 0,6%. Dabei war die Produktionssteigerung, die im ganzen 570000 t ausmachte, in mehreren Gebieten erheblich, im Alpenvorland sogar 39,6%, und auch im Durchschnitt mit 9,26% ziemlich hoch. Noch weit höhere Zunahmen weist jedoch die westdeutsche Erdgasförderung 1962 auf: im Alpenvorland wiederum 76,7% und im Durchschnitt 28,1%.

Über die Verteilung der Öl- und Gasförderung auf die einzelnen Gebiete werden von den „Erdölnachrichten“ der Shell AG, Hamburg (4. 4. 1963), folgende Zahlen mitgeteilt:

	Erdöl 1962 (in t)	Zunahme %	Erdgas 1962 ($1000\ m^3$)	Zunahme %
Nördlich der Elbe	743909	25,5	–	–
Zwischen Elbe und Weser	2209409	4,0	24251	29,3
Zwischen Weser und Ems	1624141	2,7	142172	0,7
Westlich der Ems	1772276	15,0	171962	33,5
Oberrheintal	235408	8,4	70974	3,2
Alpenvorland	191210	30,6	207133	76,7
Insgesamt	6776353	9,26	616492	28,1

Der westdeutsche Erdölbedarf war jedoch so groß, daß neben der Eigenproduktion von 6,8 eine Einfuhr von rund 33,3 Mill. t, bei einer Steigerung um 3,6 Mill. t gegen das Vorjahr, erforderlich war. Die Einfuhr verteilte sich 1961 und 1962 wie folgt:

	1961	1962
Iran	10000012	11203325
Irak	4377647	5214292
Venezuela	2941180	3912491
Saudi-Arabien	3760559	2661670
Kuweit	2270603	2573335
Algerien	1598137	2500329
UdSSR	1621673	1822207
Bahrein/Qatar	1765077	1306273
Libyen	44455	375950
Nigeria	80422	769004
Kolumbien	802954	319474
Indonesien	89791	101771
Nordborneo	281411	–
Sonstige	23282	1
	29657083	32760142

Die westdeutschen Raffinerien, die Anfang 1962 eine Gesamtkapazität von 42,47 Mill. t und Ende des Jahres von 46,75 Mill. t aufwiesen, waren zu 89% ausgelastet und verarbeiteten 6,77 Mill. t westdeutsches und rd. 33 Mill. t importiertes Rohöl. Zur Deckung des Bedarfs mußten jedoch noch 12,5 Mill. t Erdölerzeugnisse eingeführt werden. Davon kamen 657461 t aus der DDR und 1762853 insgesamt aus Ländern des sozialistischen Lagers. —Ha—

Geologische Aussichten für die westdeutsche Erdölgewinnung

In einem Exposé des westdeutschen „Wirtschaftsverbandes Erdölgewinnung“ über die Lage der Ölproduktion nach Aufhebung der westdeutschen Zollschranken ab 1. 1. 1964 werden die Aussichten auf Steigerung der westdeutschen Produktion u. a. wie folgt charakterisiert: Nach Auffinden von Lagerstätten neuen Typs wie des Feldes Plön-Ost dürften die Chancen für die künftige Produktion weit günstiger beurteilt werden als bisher. In tieferen Horizonten sei die Entdeckung von Feldern mit wesentlich besseren Förderergebnissen als in den bisher ausgebeuteten zu erwarten. Es sei mit ähnlichen Strukturen wie in Ostholland (Erdgasvorkommen) auch im westdeutschen Raum zu rechnen. An die weitere Erforschung des dem Festlandsockel vorgelagerten submarinen Schelfs, mit der erst vor wenigen Jahren begonnen wurde, werden große Erwartungen geknüpft. Mittels neu entwickelter Sekundärförderverfahren könne durch Erhöhung des Druckes in der Lagerstätte die Entölung von bisher 10 bis 20% auf mehr als das Doppelte gesteigert werden. –Ha–

Erdöl und Erdgas 1962 in Österreich

Die österreichische Erdölförderung ist 1962 — nach einem Rückgang im Vorjahr von 3,8% — wieder um 37823 t = 1,6% angestiegen. 1961 wurden 2355865 t, 1962 2393688 t gefördert, woran das Feld Matzen/Auersthal mit 1884618 bzw. 1936179 t beteiligt war. An Erdölgas wurden (in 1000 m^3) produziert: 1961 266533,6, 1962 294603,7; davon wiederum in Matzen/Auersthal 224094,8 bzw. 259163,3. Die Erdgasförderung stieg um 78775000 m^3 = 5,1% an. Sie betrug 1961 (in 1000 m^3) 1289541,9 und 1962 1340246,8, davon im Feld Zwerndorf 1149879,7 und 1036249,8. Erdölgas und Erdgas zusammen erreichten 1556075,5 (1961) und 1634850,5 (1962). —Ha—

Die Stripperbohrungen der USA

In der Erdölförderung der USA spielen sog. Stripperbohrungen eine nicht unbedeutende Rolle. Nach einer von der Interstate Oil Compact Commission und der National Stripper Well Association durchgeführten Statistik wurden dort 1961 etwa 22% der Gesamtförderung durch Stripperbohrungen produziert, deren Anzahl 68% aller Förderbohrungen ausmachte. 406102 Stripperbohrungen mit durchschnittlich 0,54 t täglicher Förderung produzierten 1961 79,8 Mill. t Rohöl. Die durch solche Bohrungen erschließbaren Vorräte wurden Ende 1961 auf etwa 1,1 Mrd. t berechnet, wovon jedoch 469 Mill. t nur durch Sekundärverfahren gewinnbar sind. —Ha—

Erdöl südlich Teheran

Die Versorgung von Teheran mit Erdöl wird durch die Entdeckung einer Lagerstätte erleichtert werden, die sich bei Ghom, etwa 140 km südlich von Teheran, befindet. Da es sich um ein stark paraffinhaltiges Öl handelt, wird jedoch außer demÖlleitungsbau die Errichtung einer Crackanlage erforderlich sein, die von der von Abadan technisch wesentlich abweicht. Es wird an eine Anfangskapazität von ca. 6500 t täglich gedacht, die bei genügender Ergiebigkeit des Vorkommens später verdoppelt werden soll. Auch eine Erdgasleitung nach Teheran ist geplant. —Ha—

Kohle

Der österreichische Kohlenbergbau

Das obersteirische Glanzkohlenrevier förderte 1961 („Braunkohle“, H. 3, 1963) in Fohnsdorf aus einem 1 bis 12 m mächtigen, 20—25° einfallenden miozänen Flöz rd. 480000 t Kohle. Die errechneten und vermuteten Vorräte betragen rd. 20 Mill. t. Der Heizwert liegt zwischen 4650 bis 5400 WE.

Die Glanzkohle in Seegraben bei Leoben erstreckt sich nördlich der Mur über eine Fläche von 3,5 km Länge und 1,4 bis 5 km Breite. Die durchschnittliche Flözmächtigkeit beträgt 4 bis 5 m; stellenweise schwillt sie bis 16 m an. Die Kohle hat 5000 bis 5800 WE und einen niedrigen Schwefelgehalt. Sie wird vorwiegend als Generatorkohle verwendet. Bei einer jährlichen Förderung von 220000 t wird die Lagerstätte 1964 ausgekohlt sein.

Im weststeirischen Glanzkohlenrevier befindet sich ein Flöz von 9 km Länge und 0,5 bis 2,0 m Mächtigkeit. Die Kohle besitzt einen Heizwert von 3000 bis 4200 WE. Bei 150000 t Förderung hat die Lagerstätte noch eine Lebensdauer von etwa 50 Jahren.

Das weststeirische Braunkohlenrevier von Köflach-Voitsberg wird ins Miozän gestellt. Die Kohle dieses größten Braunkohlenreviers Österreichs hat einen Heizwert von 2000 bis 3500 WE. Ihre Qualität wird nach Westen und Osten schlechter. Liegende devonische Kalke spalten das Becken in einzelne Teilmulden auf. Im Westen des Reviers wird die auf kristallinen Schiefern liegende Kohle im Tief- und Tagebau gewonnen und aufbereitet. Im Tagebau Süd vereinigen sich mehrere Flöze zu einem von 70 m Mächtigkeit. Die Kohle ist aschearm, fast schwefelfrei und wird vorwiegend als Generatorkohle verwendet.

Im östlichen Köflacher Revier liegt die Zangtaler Lagerstätte. Die tagebaumäßige Gewinnung des 10 bis 14 m mächtigen Flözes geht zu Ende. Die noch verbleibenden 10 Mill. t sind im Tiefbau abzubauen.

Im Wolfsegg—Thraunthaler Revier (auch Hausruck-Revier) sind zwei bis drei flach gelagerte miozäne Hartbraunkohlenflöze von 0,8 bis 3,0 m ausgebildet. Die Kohle hat einen durchschnittlichen Heizwert von 3000 WE. Bei 40 Mill. t Kohlenvorräten kann der Betrieb bei einer Jahresförderung von 900000 t noch 40 bis 45 Jahre aufrechterhalten werden.

Der Lavanttaler Kohlenbergbau beruht auf jungtertiären, flözführenden Schichten des oberen und unteren Lavanttales. Im oberen Lavanttal befinden sich kleinere, meist nicht abbauwürdige Flöze beim Obdacher Sattel. Eine Flözgruppe mit vier bis fünf Flözen von je 2 bis 4 m Mächtigkeit ist im Wiesener Gebiet ausgebildet. Die Kohle der unteren Flözgruppe wird derzeit nicht abgebaut. Das Hauptvorkommen im unteren Lavanttal zwischen Wolfsberg und Andersdorf hat ein abbauwürdiges Liegend- und ein Hangendflöz. Etwa 100 bis 200 m darüber liegt die Kuchlerflözgruppe mit einer Ober- und Unterbank. Das Einfallen der Flöze beträgt etwa 15°, die Mächtigkeiten liegen zwischen 1,5 und 3 m. Der Heizwert schwankt zwischen 2400 und 4000 WE.

Im Salzach-Braunkohlenrevier wurden in etwa 100 m Teufe drei abbauwürdige Flöze nachgewiesen. Die Mächtigkeiten betragen (vom Liegenden zum Hangenden) bis zu 3 m, 2,6 m und 1,6 m.

Das burgenländische Braunkohlenrevier gehört ins Unter-Helvet bis Unter-Torton. Bei der jetzigen Förderung von 165000 t reichen die Vorräte noch 35 bis 40 Jahre. —s—

Der Lavanttaler Kohlenbergbau

Der Lavanttaler Kohlenbergbau erbrachte nach der 1946 erfolgten Verstaatlichung eine Förderung von 150000 t. Die mit der bestehenden Anlage noch gewinnbaren Kohlenvorräte betrugen etwa 1,6 Mill. t. Ein 1948 ausgearbeiteter Plan sah die rationelle Verwertung der Braunkohlenvorräte in Dampfkraftwerken vor. Mit der geplanten Einrichtung eines Dampfkraftwerks konnte eine Neuanlage projektiert werden, die es ermöglichte, neben der Aufrechterhaltung der bisherigen Versorgung Kärntens mit Hausbrand- und Energiekohle diesem neuen Kraftwerk für die ersten drei Wirtschaftsjahre je 200000 jato und ab 1. 1. 1954 300000 jato zuzuführen. Bereits 1955 mußte diese Liefermenge auf jährlich 600000 t erhöht werden.

Für eine neue Schachtanlage wurde eine Jahresförderung von 600000 bis 800000 t geplant.

Die 6 bis 20 m Mächtigkeit erreichenden Schotter werden diskordant von etwa 180 m mächtigen (pontischen) Deckschichten der Kuchlerflözgruppe, die aus einer Wechsellagerung von Feinsanden und dünnbankigen Tonen bestehen, unterlagert. Die Kuchlerflözgruppe wird aus zwei im Abstand von 8—15 m abgelagerten Flözen aufgebaut. Im Raum Wolkersdorf erreicht die Oberbank eine durchschnittliche Mächtigkeit von 2,0 m; die Mächtigkeit der Unterbank beträgt 1,3 m.

Die sich im Liegenden anschließende Schichtenfolge wird ins obere Miozän (Sarmat) gestellt und von ca. 150 m mächtigen wechsellagernden mergligen Feinsanden und Mergeln gebildet. Die beiden bauwürdigen Flöze der Liegend-Hangend-Flözgruppe haben im Gebiet von Wolkersdorf Mächtigkeiten von 1,80 m bis 2,50 m.

Die liegenden Schichten dieser Flözgruppe gehören ins Torton und schließen in ihrer Basis das sog. Grundflöz (Oppersdorfer Flöz) ein.

[„Montan-Rundschau", 4 (1963), S. 71—78] —s—

Kohle und Stahl in Japan

Die Entwicklung des Kohlenbergbaus in Japan zeigt auffallende Ähnlichkeiten mit der Entwicklung in Westeuropa. Der Energieverbrauch stieg in zehn Jahren von 63 auf 153 Mill. SKE. Der japanische Steinkohlenbergbau hätte hiervon in erster Linie profitieren müssen. Aber die Konkurrenz des billigen Erdöls und der billigen Steinkohle aus den USA drängten die japanische Kohle zurück. Der Anteil einheimischer Kohle am Energieverbrauch Japans sank von 52,4% im Jahre 1950 auf 30,7% im Jahre 1960. Das Heizöl steigerte in derselben Zeit seinen Anteil von 4,8 auf 25,5%. Die US-Kohlenimporte wuchsen 1961 auf 6,6 Mill. t an. Australische Importe von 2,8 Mill. t kamen noch hinzu. Die schon 1959 vorgenommene Beschränkung der japanischen Förderung auf maximal 55 Mill. t erwies sich als ungenügend. Der Stillegung wenig rentabler Gruben folgte bald ein beschleunigtes Stillegungsprogramm. 1962 wurden 80000 Bergarbeiter entlassen, und 1963 sollen weitere 50000 entlassen werden.

Anders die japanische Stahlindustrie. Nach fünf Jahren ununterbrochener Produktionssteigerung wird für 1963 mit einer Rohstahlproduktion von 26,7 Mill. t gerechnet. Das Ziel von 48 Mill. t jährlich dürfte nach dem Bau von 30 projektierten neuen Hochöfen mit einer Kapazität von 33,5 Mill. t sicherlich erreicht werden. Dabei müssen 70 bis 90% des Eisenerzbedarfs und rund 40% des Kokskohlenbedarfs importiert werden. —Ha—

Sonstiges

Elfenbeinküste: Manganlagerstätte entdeckt

Im NW der Republik Elfenbeinküste wurde nach einer Mitteilung der Zeitschrift „Bergbauwissenschaften", H. 8 (1963), eine bedeutende Manganlagerstätte entdeckt. Die in der Nähe der Stadt Odienné (Ziémougoula-Provinz) gelegene Lagerstätte wurde durch Schürfe und Bohrungen erkundet. Analysen wiesen eine ausgezeichnete Qualität des Erzes nach.

Die Elfenbeinküste, eine Peneplain, ist an vielen Stellen mit einer dicken Lateritkruste überzogen. Die präkambrischen Gesteine haben eine NNE–SSW-Hauptstrukturrichtung. Der Gesteinskomplex wird von granitischem Gneis und anderen metamorphen Lagen, welche man als Birrimian (mittleres Präkambrium) bezeichnet, aufgebaut. In diese Serie sind ein jüngerer Granodiorit und basischeres Gestein intrudiert.

Die Birrimian-Serie besteht vom Liegenden zum Hangenden aus:

1. einem vulkanisch-sedimentären Komplex, bestehend aus metamorphem vulkanischem Grundgestein mit verschiedenen Schieferarten;

2. einer Geröllfolge aus Arkosen, Konglomeraten und Sandsteinen.

Im Ziémougoula-Gebiet ist der vulkanisch-sedimentäre Komplex typisch. Er besteht hier aus Amphiboliten und Amphibolschiefern, die von Glimmerschiefern überlagert werden. Quarzite und Gondite (manganhaltige Quarzite) sind in die Schiefer eingelagert. Die stratigraphische Stellung der Konglomerate und schiefrigen Arkosen ist ungeklärt. Die Birrimian-Serie des Ziémougoula-Gebietes ist zwischen den Granit-Gneis-Blöcken gefaltet. Die im wesentlichen vertikal stehenden Schichten werden örtlich von Verwerfungen durchschnitten bzw. von ESE–WNW streichenden Gängen durchzogen. Die Manganerzlagerstätte von Ziémougoula besteht aus zahlreichen vertikalen linsen- und keilförmigen Körpern. Sie können 20—30 m mächtig werden (durchschnittlich 10 m). Die Erzkörper sind einige 100 m weit verfolgbar und bestehen aus wechselnden Lagen von Pyrolusit, Rhodonit und Gonditen. Die Pyrolusitlager gehen in 20—30 m Tiefe in manganhaltige Karbonate und Silikate über. Geomorphologisch bilden einige Erzkörper Hügel, umgeben von mächtigem Erzgehängeschutt, andere heben sich kaum heraus und sind mit 0,5 bis 3,0 m mächtigem Laterit bedeckt. —s—

Kanadische Eisenerzvorkommen

Die Jahresförderung der auf der Insel Vancouver (Kanada) am Fluß Nimpkish liegenden Eisenerzlager beträgt 385000 t (Fe-Gehalt 62%). Im Roherz liegt der Fe-Gehalt bei 39%. Die Erzkörper fallen mit 70° ein und wurden bis 60 m Teufe nachgewiesen. Die aus vier Erzlinsen bestehende Lagerstätte wird im Tagebau abgebaut. Die Mächtigkeit des Deckgebirges schwankt zwischen sechs und zwanzig Metern. Die ebenfalls auf der Insel Vancouver liegenden Eisenerzvorkommen am Zeballosfluß wurden mit dem Hubschrauber untersucht. Hier findet sich Magnetit in einzelnen Lagern. Genetisch gehört die am Zeballosfluß liegende Eisenerzlagerstätte zu den Verdrängungslagerstätten, die sich an der Westküste von Britisch-Kolumbien in einer langen Kontaktzone zwischen Sedimenten und Eruptivgesteinen gebildet haben. Das im Tagebau abgebaute reichste Lager enthält 3 Mill. t Erz („Bergbauwissenschaften", 9/63). Der Fe-Gehalt beträgt 50%. Die durch Bohrungen nachgewiesenen abbauwürdigen Vorräte werden auf 50000 jato Konzentrat beziffert.

—s—

Die Bergwirtschaft Südwestafrikas im Jahre 1961

Südwestafrika hat 1961 mineralische Rohstoffe im Werte von 53,140 Mill. Rand (1 R = 5,50 DM) produziert und ausgeführt. Der entsprechende Wert für 1960 war: 48,812 Mill. R. Die Diamanterzeugung trägt 68,5% zum Gesamtwert bei, während die Buntmetallausfuhr in Form von Konzentraten einen Anteil von 27,8% aufweist.

Wertmäßig setzt sich die Ausfuhr wie folgt zusammen:

	Rand
Diamanten	34936582
Blei-Kupfer-Zink-Konzentrate mit Germanium- u. Kadmium-Gehalten	13902287
Manganerz	1182779
Vanadium-Blei-Konzentrate	777626
Kupfer-Klauberze u. -Konzentrate	471377
Germanium-Metall	425724
Zinn-Wolfram-Mischkonzentrat	250000
Steinsalz	161428
Zinnkonzentrat	142400
Sonstiges	799797

Die Diamantgewinnung stammt zu weit über 90% aus den Gerechtsamen der Consolidated Diamand Mining Co. entlang der Küste nördlich des Oranje-Flusses. Der ausgebrachte Gehalt war 1961 0,31 Karat je m³ Sand (1 k = 0,2 g). Die Diamanten sind überwiegend Schmucksteine und weniger für industriellen Gebrauch geeignet. Die nachgewiesenen Reserven betragen z. Z. 76,1 Mill. m³ diamanthaltigen Sand mit einem ausbringbaren Gehalt von rd. 23,9 Mill. Karat.

Neue Lagerstättenteile wurden in der bedeutenden Blei-Kupfer-Zink-Erzlagerstätte Tsumeb bis zu 985 m Teufe aufgeschlossen; die Erzreserven betragen derzeit 7398400 t mit 5,17% Cu, 14,71% Pb und 4,33% Zn. Die bisher nachgewiesenen Vorräte der im Aufschluß befindlichen neuen Kupfer-Blei-Erzlagerstätte Kombat (etwa 65 km südlich Tsumeb) werden mit 1076600 t Erz mit 3,1% Cu und 3,4% Pb angegeben.

Eine kleine, jedoch anscheinend reiche gangförmige Kupfererzlagerstätte bei Onganya, wahrscheinlich pegmatitischen Charakters, deren Aufschluß 1961 begann, enthält etwa 7% Cu. Es wird mit der Erzeugung von etwa 200 t Konzentrat pro Monat gerechnet.

Etwa 80 km südöstlich von Tsumeb werden auf der Berg-Aukas-Grube oxydische und sulfidische Vanadium-Blei-Zink-Erze abgebaut. Die Erzreserven betragen derzeit 900000 t mit unterschiedlichem Pb-, Zn- und V_2O_5-Gehalten (durchschnittlich etwa 3% V_2O_5, 8,5% Pb und 17% Zn). Manganerze wurden auf der Lagerstätte Otjosondu (etwa 240 km nordöstlich Windhoek) gewonnen. Die Förderung aus dieser Lagerstätte wurde wegen der recht großen Frachtbelastung zur Küste (rd. 480 km)eingestellt. Im Berichtsjahr wurden noch 62000 t Erz verkauft. Die Jahresproduktion schwankte, lag aber durchschnittlich bei etwa 60000 t. Die ausgeführten Erze enthielten durchschnittlich 47% Mn, 6% Fe, 12% SiO_2, 1% Al_2O_3 und 0,03% P.

Die Uis-Tin-Grube erzeugte 1961 160 lg. t (1 lg. t = 1,016 metr. t) Zinnkonzentrate aus 92900 t Erz und als Nebenprodukt 11 lg. t Beryll und 15 lg. t Amblygonit. Diese pegmatitische Lagerstätte liegt im sog. Northern Tin Belt, etwa 200 km NNE von Swakopmund. Die Erzvorräte betragen derzeit 5 Mill. t mit etwa 1% Sn.

Das erwähnte Northern Tin Belt, das bei Cape Croos die Küste erreicht, wurde 1961 wiederum durchprospektiert. Einige interessante Aufschlüsse werden untersucht, jedoch ist eine wirklich bedeutende Zinnsteinproduktion in SW-Afrika zur Zeit kaum zu erwarten.

Lithium-Pegmatite werden südlich Karibib auf den Helicon- und Rubicon-Gruben abgebaut und bestreiten den größten Teil der südwestafrikanischen Produktion an Lithiumerzen. Sie betrug 1961 insgesamt 136 sh. t Amblygonit (6—8% Li_2O), 1418 sh. t Lepidolith (3—3,5% Li_2O) und 2540 sh. t Petalit (3—4% Li_2O). Aus diesem Vorkommen stammen auch etwas Beryll und Columbit.

Ferner ist von einer Förderung von Kyanit mit etwa 3000 sh. t aus Vorkommen südlich von Windhoek und rd. 61200 sh. t Rohsalz, zumeist aus Solen und Salzgärten nahe der Küste bei Swakopmund, zu berichten. Abschließend ist zu erwähnen, daß seit einiger Zeit ein Gebiet nördlich des 20. Breitengrades systematisch auf Erdöl untersucht wird. Geophysikalische Untersuchungen mit Hilfe von Flugzeugen sind derzeit im Gange.

—s—

Bergbau und Energiepläne der Südafrikanischen Republik

Der Bergbaukonzern Federale Mynbou verfolgt Pläne zur Errichtung der größten Kohlenzeche in Afrika, die monatlich 500000 t Kohle an das von der Stromversorgungsgesellschaft Escom geplante Elektrizitätswerk mit einer installierten Leistung von 1600 MW in Camden im Osten der Provinz Transvaal liefern wird. Beide Bauvorhaben sollen Ende 1966 betriebsbereit sein.

Das Kohlenvorkommen bei Camden wird auf etwa 219 Mill. t geschätzt. Die Flöze liegen 9 bis 120 m unter der Erdoberfläche. Drei Schachtanlagen werden das ausgedehnte Vorkommen erschließen, das am Schnittpunkt der Eisenbahnlinie von Ermelo nach Piet Retief mit dem Vaalfluß liegt.

—s—

Die Entwicklung des Energieverbrauchs in Westdeutschland

Über die Entwicklung des Energieverbrauchs in Westdeutschland von 1960 bis 1962 und die Anteile der einzelnen Energiearten an diesem Verbrauch wird in „Montan-Archiv", I/Nr. 16, vom 26. 4. 1963 folgender Überblick gegeben (in Mill. t SKE):

	1960	%	1961	%	1962	%
Steinkohlen, Steinkohlenkoks u. -briketts	126,3	59,4	121,4	55,4	123,0	52,9
Braunkohlen, Braunkohlenkoks u. -briketts	31,0	14,6	31,1	14,3	32,6	14,0
Flüssige Brennstoffe, Erdöl	46,2	21,7	55,5	25,5	68,0	29,3
(davon nur Heizöl)	(23,0)	(10,8)	(29,6)	(13,6)	(38,5)	(16,6)
Erdgas, Erdölgas, Grubengas	0,9	0,4	1,1	0,5	1,4	0,6
Wasserkraftstrom	6,5	3,0	6,5	3,0	5,8	2,5
andere Energieformen	1,8	1,9	1,7	0,8	1,7	0,7
Gesamtverbrauch	212,7	100,0	217,3	100,0	232,5	100,0

Der Überblick zeigt, daß der Steinkohlenverbrauch den Rückgang von 1961 zum Teil wieder aufgeholt hat, der Anteil an dem stark angestiegenen Gesamtenergieverbrauch jedoch erheblich abnahm (ab 1960 um 6,5%). Der Braunkohlenverbrauch weist eine leichte Zunahme auf, der Erdölverbrauch aber ist ab 1960 um die Hälfte angestiegen, und fast der ganze Mehrverbrauch an Energie kam dem Erdöl zugute.

Daß sich die westdeutsche Steinkohlenförderung mit 141,14 Mill. t gegenüber 142,74 Mill. t 1961 einigermaßen behaupten konnte, wurde vor allem durch erhöhte Exporte nach Skandinavien (200000 t) sowie Spanien und Portugal (637000 t) ermöglicht, wodurch Absatzverluste nach Frankreich und Italien ausgeglichen wurden. —Ha—

Kohlentransport durch Rohrleitungen in großem Maßstab

Nachdem gute Anfangserfahrungen gemacht wurden, soll in den USA nach einem Regierungsvorschlag der Kohlentransport durch Rohrleitungen in großem Maßstab durchgeführt werden. Es sollen hierfür Leitungen im Wert von 100 Mill. $ verlegt werden, um die Kohlengruben West-Virginias mit den E-Werken an der amerikanischen Ostküste zu verbinden. Man hofft, auf diese Weise die Kohle konkurrenzfähiger zu machen. Durch Feinvermahlung der Kohle für den Transport in Mischung mit Wasser wurde eine wesentliche Verbesserung dieser Transportart erzielt. Bei einem Feinheitsgrad von $\leqq$ 2 mm fließt die Mischung wie Öl. Ferner werden statt der bisherigen Mischung von 50% Kohle und 50% Wasser jetzt Mischungen von 60 zu 40% durch die Rohre geschickt, die in Reservebecken auf das Verhältnis 70 zu 30% gebracht werden. Diese letztere Mischung kann direkt verbrannt werden. —Ha—

Fernbeobachtung der Bohrlochwand

In „Ugol", 37, Nr. 12 (1962), S. 17—18, wird von W. W. ZUKOW ein 1,7 m langes und 16 kg schweres Gerät von 0,06 m ∅ beschrieben, mit dem 50 Aufnahmen von der Bohrlochwand gemacht oder mittels einer Photokathode das Bild auf einen über Tage befindlichen Bildschirm übertragen werden kann. Mit dieser Einrichtung erhält man ein genaues drei- bis vierfach vergrößertes Bild von der Innenfläche der Verrohrung und den Rohrverbindungen. —Ha—

XII. Tagung der Kommission f. d. absolute Alter geol. Systeme

Vom 7. bis 13. 5. 1963 fand in Moskau die XII. Tagung der Kommission zur absoluten Altersbestimmung geologischer Systeme statt.

Vorsitzender der Kommission ist G. D. AFANASJEW, der mitteilte, daß sich z. Z. ca. 50 Laboratorien in der UdSSR mit der kernphysikalischen Geochronologie befassen. Während der Tagung, an der auch Herr BIRKENFELD vom Institut für physikalische Stofftrennung, Leipzig, teilnahm, wurden eine Reihe interessanter Vorträge gehalten.

Die Kommission nahm laut Mitteilung von Herrn BIRKENFELD folgende Tabelle für das absolute Alter der geologischen Systeme an:

	T [Mill. Jahre]
Q	1,5
Tr_2	25
Tr_1	65
Cr_2	95
Cr_1	140
$J_{3,2,1}$	195
$T_{3,2,1}$	235
$P_{2,1}$	285
$C_{3,2,1}$	350
D	410
S	440
O	500
Cm	(600)
Cm	550 ± 50
Pr_3	1600 ± 50
Pr_2	1900 ± 100
Pr_1	2600 ± 100

T. KAEMMEL

Kurznachrichten

Mittels der Bohrung **Kirchdorf 1** nordöstlich des Gasfeldes Mönchsrot bei Biberach (Baden), die bei 2059 m eingestellt wurde, wurde im November 1962 der Dogger-β-Sandstein getestet und durch eingeschaltete Blindstrecken geöffnet. Es ergab sich ein Zufluß von im Durchschnitt 100000 Nm³ eines Gases mit 79% Kohlenwasserstoffen, davon 93% Methan.

Die **Erdgasförderung** stieg 1962 in **Westdeutschland** mit 616,5 Mill. m³ um 28% gegenüber dem Vorjahr. Außerdem wurden 310,3 Mill. m³ Gas bei der Rohöldestillation gewonnen.

Aus in 2000 m Teufe liegenden Mitteljurahorizonten der 1960 entdeckten Lagerstätten Burankulj und Prorwa im **Südembagebiet** wird jetzt ein **Erdöl** mit dem spez. Gewicht 0,866 mit 1,5% Schwefel produziert.

Die **SFR Jugoslawien** wird nach einem Abkommen mit Algerien in den nächsten drei Jahren 3000 Faß Rohöl täglich aus den Erdölfeldern Hassi Messaoud erhalten.

Von der Société Antar wird bei Rennes (**Frankreich**) eine **Erdölraffinerie** mit einer Jahresdurchsatzkapazität von 1,5 Mill. t projektiert.

Die **Erdöl**förderung in **Italien** ging 1962 mit 1806553 t gegenüber 1961 um 9% zurück, während die Erdgasförderung mit 7150,6 Mill. m³ um 4% anstieg.

In El Nasr bei **Kairo** wird ein **Erdölforschungsinstitut** gebaut, das etwa 150 Wissenschaftler beschäftigen wird.

Die aus dem **Dolomit** der **israelischen** Küstenebene fördernde Bohrung Kohav 5 hat sich mit einer Testförderung von 38,2 m³/Tag als die bisher erfolgreichste Erdölbohrung Israels erwiesen.

Die Ölvorräte der **Athabasca-Teersande** betragen gegenüber den bisherigen Schätzungen auf maximal 57,8 Mrd. t nach den neuesten Schätzungen 75,9 Mrd. t, wobei nur Schichtenkomplexe mit über 10% Ölgehalt berücksichtigt sind. Das Gebiet der Teersande ist 54000 km² groß.

Ein **Stoßmeßgerät**, mit dessen Hilfe in Kohlenzechen das Auseinanderbrechen großer Stückkohle in Nußgröße und Kohlenklein verhindert werden kann, wurde von der Britischen Kohlenbehörde erprobt. Es wiegt 0,5 kg und mißt 7,6 × 7,6 × 10,1 cm.

Die Erwartung, daß der Verbrauch von **Magnesium** sich im nächsten Jahrzehnt verdreifachen wird, veranlaßt die **norwegische** Stickstoffgesellschaft „Norvégienne de l'Azote", ihre Jahresproduktionskapazität von Magnesium von 20000 auf 25000 t zu erhöhen.

Die Förderung von Rohstoffen in **Gabun** belief sich im dritten Quartal 1962 u. a. auf 123000 kg Gold, 49207 t Manganerz, 215409 t Erdöl und 1051102 m³ Erdgas.

In Tarkwa (**Ghana**) wird auf der Grundlage eines zwischen der Regierung von Ghana und der Sowjetunion abgeschlossenen Vertrages eine **Goldraffinerie** errichtet werden.

Für die **Goldgewinnung** aus den goldhaltigen Sanden Sibiriens, besonders an der Lena, wird in dem Irkutsker Werk für Schwermaschinenbau ein **Riesenbagger** von der Höhe eines 12stöckigen Hauses hergestellt, dessen gewaltige Eimer den goldhaltigen Sand aus Tiefen bis zu 50 m heraufholen werden und der der größte Bagger der Welt sein soll.

Bei dem Uralmaschinenwerk in **Swerdlowsk** ist nach einer Meldung der „Istwestija" eine **Bohranlage** für Bohrungen bis zu 10000 m Teufe mit einer Antriebsleistung von 6000 PS im Bau.

Die Floren, Faunen und Sedimente des **Rotliegenden** (Unterperm) von Mittel- und Westeuropa sprechen nach einer von „Bull. Soc. géol. France", sér. 7, 3, 463—467 (1962), publizierten Untersuchung für ein **warmhumides Klima**, das nach einigen ariden Unterbrechungen gegen Ende des Saxonien in ein Wüstenklima überging.

Allen unseren Lesern und Autoren
wünschen wir

Ein erfolgreiches Jahr 1964

*

Всем нашим читателям и авторам
желаем

Успеха в 1964 году

*

To all Our Readers and Autors

Best Wishes for a Prosperous Year 1964

Redaktion der
ZEITSCHRIFT FÜR
ANGEWANDTE GEOLOGIE

An unsere Leser!

Zusammen mit diesem Heft werden kostenlos eine Einbanddecke und das Inhaltsverzeichnis für Band 9 unserer Zeitschrift ausgeliefert. Sollten einige unserer Abonnenten nicht in den Besitz der Einbanddecke gelangen, bitten wir, sich mit der Vertriebsabteilung des Akademie-Verlages in Verbindung zu setzen.

Die Redaktion

In den nächsten Heften der

Zeitschrift für angewandte Geologie

erscheinen u. a. folgende Beiträge

- K.-H. Bintig: Das System der vorläufigen Konditionen für den Ansatz und die Beurteilung von Sucharbeiten
- H. Reh: Lagerstätten und Bergwirtschaft Marokkos
- A. Grimmer: Zur Ökonomie von Goldlagerstätten in Tanganjika
- H. Matschak & J. Wiegmann: Bodenphysikalisch-mineralanalytische Untersuchung der Montmorillonoid-Horizonte im Liegendton des Braunkohlenbeckens von Berzdorf (Görlitz)
- W. Kühn: Geochemische Untersuchungen an Kernstrecken des Muschelkalks und Röts der Bohrung Zeilfeld
- B. Heyne: Praktische Auswahl der Tone für Bohrspülungen
- I. G. Stjopin: Zur Ermittlung disjunktiver Störungen durch Hydroerkundung
- H. Schützel & C. Herrmann: Über die Ausbildung eines Granit-Endokontaktes am Beispiel des Eibenstocker Granit-Massivs im Raum von Johanngeorgenstadt
- S. Tonew: Die mineralischen Rohstoffe der VR Bulgarien

Herausgeber: Staatliche Geologische Kommission und Zentrale Vorratskommission für mineralische Rohstoffe der Deutschen Demokratischen Republik. Für die kollektive Chefredaktion: Dr. K. Kauter (Redaktionssekretär), Berlin. Redaktion: Berlin N 4, Invalidenstraße 44. Verlag: Akademie-Verlag GmbH, Berlin W 8, Leipziger Straße 3–4 (Fernsprecher 22 04 41, Telex 011 773, Postscheckkonto: Berlin 350 21). Bestellnummer des Heftes 1047/9/12. Alleinige Anzeigenannahme DEWAG-WERBUNG, Berlin C 2, Rosenthaler Str. 28/31, und alle DEWAG-Betriebe in den Bezirksstädten der DDR. Die „Zeitschrift für angewandte Geologie" erscheint monatlich. Bezugspreis 2,– DM je Heft. – Satz und Druck: Druckhaus „Maxim Gorki", Altenburg. Veröffentlicht unter der Lizenznummer 1279 des Presseamtes beim Vorsitzenden des Ministerrates der Deutschen Demokratischen Republik. Karten: MdI der DDR, Nr. 616, 1071, 1086

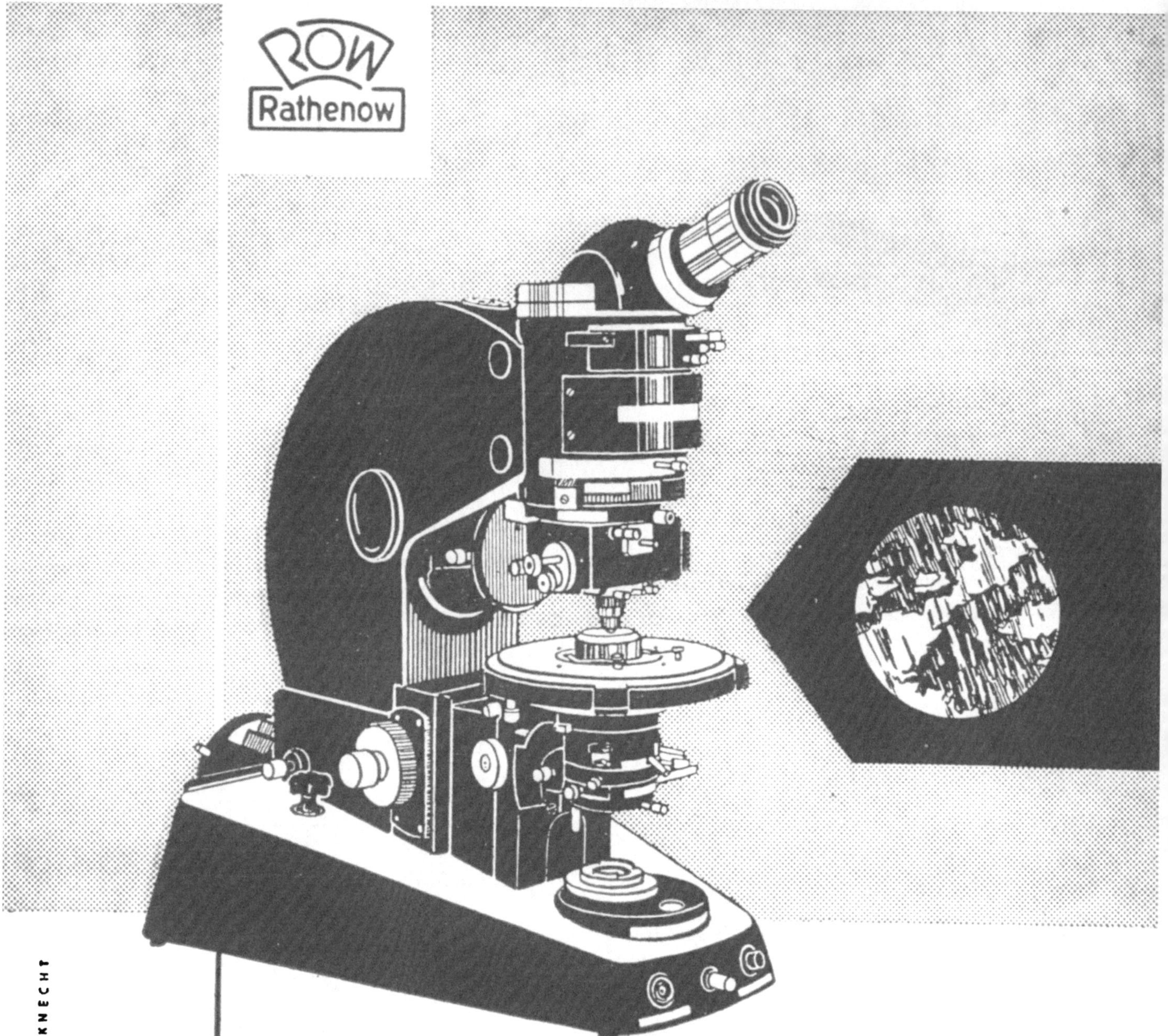

SCHONKNECHT

POLADUN VI

Großes Polarisations-Arbeitsmikroskop für Auf-, Durch- und Mischlicht

Vertikalilluminator für Auflicht – Hell- oder Dunkelfeld – mit besonders angeordneten Polarisatoren

Vergrößerungswechsler zur Veränderung des Gerätefaktors 1× auf 0,8× oder 1,25×

Um 90° schwenkbarer Schlitz zur Aufnahme des Kompensators und fokussierbares Bertrandlinsensystem mit Irisblende

Auswechselbare Objekttische, Tubusoberteile und Tubusunterteile für Auf- und Durchlicht

Großes Sehfeld durch Weitwinkel-Okulare

Kondensor für Durchlicht mit Schnellwechsel der Beleuchtungsaperturen 0,25 – 0,55 – 0,85 oder 1,30

Elektrische Integriervorrichtung ELTINOR

Zur planimetrischen Bestimmung der Mengenverhältnisse der Komponenten eines Präparats nach der Punktmethode. Meßbereich etwa 24×24 mm. Für Auf- und Durchlicht.

VEB RATHENOWER OPTISCHE WERKE · RATHENOW

Exporteur: Deutsche Export- und Importgesellschaft Feinmechanik-Optik mbH,
Berlin C2, Schicklerstraße 7

Zeitfracht Medien GmbH
Ferdinand-Jühlke-Straße 7
99095 Erfurt, Deutschland
produktsicherheit@kolibri360.de